처음 읽는 2차전지 이야기

처음 읽는
2차전지
이야기

탄생부터 전망, 원리부터 활용까지
전지에 관한 거의 모든 것!

시라이시 다쿠 지음 | 이인호 옮김
한치환(한국에너지기술연구원) 감수

플루토

2019년 일본의 요시노 아키라吉野 彰와 미국 대학의 두 명의 교수가 노벨 화학상을 공동 수상한 순간이 아직도 기억에 생생하다(텍사스 오스틴대학교의 존 굿이너프John B. Goodenough, 빙엄턴대학교의 스탠리 휘팅엄M. Stanley Whittingham과 공동 수상했다–편집자). 그들은 '리튬이온전지'를 개발한 공로로 노벨 화학상을 받았다. 리튬이온전지의 가치를 전 세계가 인정한 순간이었다.

리튬이온전지가 노벨상을 받을 만한 업적인 이유는 두 가지다. 첫 번째는 IT 사회가 발전하는 데 공헌했기 때문이고, 두 번째는 환경 문제를 해결할 가능성 때문이다.

환경 문제를 해결할 2차전지

리튬이온전지가 이토록 큰 기대를 받는 이유는 무엇보다 2차전지이기 때문이다. 2차전지는 충전지나 축전지라고도 하는데, 정해진 용량을 다 쓰면 버리는 1차전지와 달리 여러 번 충전해서 다시 사용할 수 있다.

이미 잘 알려진 것처럼 전기자동차^{EV}는 리튬전지 같은 2차전지에서 나온 전기로 모터를 돌려 달린다. 따라서 전지의 전기를 다 쓰면 다시 전지를 충전해야 한다. 이산화탄소를 비롯한 여러 배기가스를 전혀 배출하지 않는 친환경 전기자동차는 앞으로 전 세계에 널리 보급될 전망이다.

2차전지는 재생에너지(자연에너지)를 보급하는 일에도 유용하다. 지금까지 풍력발전과 태양광발전 등의 재생에너지가 널리 쓰이지 못한 이유는 기상조건에 좌우되어 불안정한 데다, 기껏 생산한 전기를 대량으로 저장하는 기술이 아직 발달하지 않아, 사용하는 데 불편했기 때문이다. 하지만 대용량이면서도 고성능인 2차전지가 등장하면서 재생에너지로 전기를 만드는 일도 경제성을 갖게 되었다.

비상사태 때 활약할 2차전지

전기를 대량으로 저장할 수 있는 2차전지는 재해가 일어났을 때에도 힘을 발휘한다. 가장 큰 장점은 옮기기 쉽다는 점으로, 긴급하게 전기가 필요할 때 원하는 장소에 원하는 양만큼 가져가서 쓸 수 있다. 또한 병원이나 호텔, 요양시설, 데이터센터 등에서 정전에 대비해 비상용 전원으로 대형 2차전지를 설치하는 사례도 늘고 있다.

이 책에서는 우선 1차전지를 중심으로 전지의 원리를 그림과 함께 설명한 다음, 2차전지의 원리와 종류를 자세히 설명할 것이다. 특히 리튬이온전지에는 분량을 많이 할애했다. 마지막 5장은 차세대 2차전지에 관한 특집이다. 기존 상식을 뒤엎는 새로운 원리를 지닌 2차전지가 많이 등장하니, 꼭 읽어보기 바란다.

시라이시 다쿠

기후변화의 위기 속에서
기회가 되어주는 2차전지

바야흐로 에너지 전환의 시대가 오고 있습니다. 기후변화 위기와 함께 환경 문제를 해결할 수 있는 재생에너지 및 수소 시대가 오고 있는 것이죠. 재생에너지란 화석에너지와 달리 빗물, 햇빛, 바람, 파도, 그리고 식물에서 에너지를 생산하기 때문에 이산화탄소를 배출하지도 않고(식물의 경우에는 햇빛으로 광합성하면서 이산화탄소를 에너지로 변환했다가 다시 연소할 때 배출하기 때문에 전체적으로는 배출하지 않는 것과 같습니다), 석탄이나 석유를 사용하는 화석에너지에 비해서 미세먼지 같은 환경물질도 배출하지 않거나 덜 배출합니다. 하지만 모든 것은 동전의 양면과 같아서 장점만 있지 않고 단점도 있습니다.

재생에너지에서 큰 비중을 차지하는 햇빛으로부터 전기를 생산하는 태양전지, 바람으로부터 전기를 생산하는 풍력발전기, 파도를 이용해서 전기를 생산하는 파력발전기 등은 원할 때 즉시 전기를 생산할 수 있는 것이 아니라 상황에 따라 전기를 생산합니다. 햇빛이 좋은 날은 태양전지가 전기를 생산할 수 있지만 비나 눈이 오거나 매우 흐린 날에는 거의 전기를 생산하지 못합니다. 풍력발전기와 파력발전기는 바람이 불지 않거나 파도가 치지 않으면 전기를 생산하지 못하죠. 그래서 댐을 건설해서 물을 가두었다가 전기를 생산하는 수력발전을 제외하고는 대부분의 재생에너지는 전력저장 시스템을 필요로 합니다. 재생에너지가 생산한 전기를 기존 전력망에 연결한다고 해도 전력망의 부하를 조절하기 위해서는 전력저장장치가 필요하죠.

대표적인 전력저장장치가 이 책에서 소개하고 있는 2차전지입니다. 기후변화 때문에 대부분의 나라에서 화석에너지의 사용을 줄이고 재생에너지를 늘려가고 있기 때문에 2차전지 산업은 빠르게 성장하고 있습니다. 그런데 전력저장장치보다 더 큰 2차전지 수요처가 있습니다. 최근 급부상하고 있는 전기차입니다. 전기차의 에너지원이 2차전지죠. 2차전지의 성능 향상이 없었다면 전기차는 엔진차와의 경쟁에서 살아남기 어려웠을 것입니다. 아직까지는 엔진차가 전기차보다 많지만 대부분의 사람들이 미래에는 전기차가 대세가 될 것이라고 예측하고 있죠. 그만큼 2차전지의 전망은 밝습니다.

2차전지는 충전이 가능해서 반복해서 쓸 수 있는 전지를 말합니다. 반대 개념으로 한 번 쓰고 버리는 전지를 1차전지라고 합니다. 현재 2차전지 시장을 이끌고 있는 전지는 리튬이온전지입니다. 스마트폰을 포함해서 대부분의 휴대전자기기와 전기자동차에 전원장치로 리튬이온전지가 적용되고 있습니다. 2019년에는 리튬이온전지를 개발한 공로를 인정받아 스탠리 휘팅엄, 존 굿이너프, 요시노 아키라, 세 명의 연구자가 노벨 화학상을 받았습니다. 최근에 영국과 독일은 2030년부터 엔진차 신차 판매를 금지하겠다고 선언했습니다. 그리고 많은 나라들이 엔진차 규제에 동참하고 있죠. 이러한 상황으로 리튬이온전지에 대한 관심은 그 어느 때보다도 뜨겁고, 리튬이온전지 산업을 이끌고 있는 국내의 LG화학, 삼성SDI, SK이노베이션 등의 기업가치도 지속적으로 상승하고 있습니다. 완제품을 제조하는 기업뿐만 아니라 리튬이온전지에 쓰이는 소재를 생산하는 국내의 기업 상황도 마찬가지입니다. 리튬이온전지의 소재로는 전극 소재, 양극 물질, 음극 물질, 전해질, 분리막 등이 있습니다. 전해질 소재를 제조하는 솔브레인, 전극 재료인 알루미늄박과 구리박을 제조하는 삼아알미늄과 일진머티리얼즈, 분리막 원료를 제조하는 대한유화, 양극재를 제조하는 포스코케미칼과 코스모신소재, 전극 내에서 전자가 잘 이동하도록 도와주는 도전체를 제조하는 나노신소재, 전해질에 들어가는 리튬염을 제조하는 후성 등 수많은 국내의 소재기업 가치가 상승하고 있죠. 일본의 소재 수출 규제로 최근 정부가 국내의 소재기업을 적극 지원하고 있기 때문에 이러한 추세는 당분간 지속될 것으로 예상됩니다. 특히나 전기차 원가의 절반 이상을 리튬이온전지가 차지하고 있고, 리튬이온전지 원가의 절반 이상을 소재가 차지하고 있는 상황을 고려하면 국내 리튬이온전지 관련 소재기업의 가치는 더욱 상승할 것으로 예측됩니다.

하지만 리튬이온전지가 산업계에 뿌리를 내리기까지의 과정이 쉬웠던 것은 아닙니다. 리튬이온전지의 상용화에 가장 먼저 성공한 기업은 1980년대부터 휴대전자기기로 명성을 날린 일본의 소니입니다. 소니가 1990년대 초반 세계 최초로 리튬이온전지의 제품화에 성공하죠. 하지만 지금 소니에서는 리튬이온전지를 생산하고 있지 않습니다. 말하자면 원조가 사업을 하지 않고 있는 것이죠. 왜일까요? 2006년 델의 휴대용컴퓨터 전원으로 쓰인 소니의 리튬이온전지가 발화사고를 일으킵니다. 이 사고로 다양한 브랜드의 휴대용 컴퓨터에 쓰인 약 1000만 개의 소니의 리튬이온전지가 리콜 대상이 됩니다. 이로 인해 소니의 리튬이온전지 사업부는 영업손실 상태가 되고 경영 악화를 이유로

2016년 전지사업 전체를 매각합니다. 삼성전자도 2016년 리튬이온전지 발화를 이유로 갤럭시 노트 7 전량을 회수한 바 있죠.

'큰 힘에는 큰 책임이 따른다'는 대사는 영화 〈스파이더맨〉에서 벤 삼촌이 주인공인 피터 파커에게 해주는 조언입니다. 거미에게 물려서 큰 힘을 가진 주인공은 이 말의 의미를 되새기며 슈퍼 히어로가 되죠. 리튬이온전지는 현재 쓰이고 있는 2차전지 중에서 가장 큰 힘을 가진 전지입니다.

배터리의 힘Power은 전압과 전류의 곱으로 결정되는데 리튬이온전지는 다른 전지들에 비해서 상대적으로 매우 높은 전압을 가져 힘이 셉니다. 힘이 세기 때문에 전기차의 전원으로도 적합한 것이죠. 하지만 큰 힘에는 큰 책임이 따릅니다. 전압이 높다는 것은 다시 말하면 반응성이 크다는 것인데 잘못 사용하면 큰 반응성 때문에 발화하는 것이죠. 발화한 리튬이온전지는 물로 끌 수도 없습니다. 물과 반응하기 때문에 더 큰 불을 유발할 수 있죠. 그래서 안전하게 만들고 조심스럽게 사용해야 합니다. 현재는 안전성을 높이는 많은 기술이 개발되었고, 그로 인해 안정성도 예전에 비해서 월등히 향상되었습니다만 여전히 전기차나 전력저장장치처럼 리튬이온전지가 대량으로 적용된 경우에는 발화의 가능성이 있고, 사고가 발생할 경우 큰 피해로 이어질 수 있습니다.

산업의 큰 틀이 바뀌고 있습니다. 100년 이상 많은 사람들의 이동수단이 되어온 엔진차가 전기차와 수소차로 바뀌고 있죠. 연소반응을 이용하는 엔진차와는 달리 전기차의 리튬이온전지나 수소차의 연료전지 모두 전기화학반응을 이용합니다. 그 어느 때보다도 전기화학의 중요성이 강조되는 시기가 된 것입니다. 그리고 이 분야에서 우리나라의 기업들이 두각을 나타내고 있습니다. 국내 기업들이 세계 최고 수준의 리튬이온전지와 전기차를 생산하고 있고,

수소차는 전 세계에서 가장 많이 생산·판매되고 있습니다. 지금은 수소충전소가 많지 않아 외국에 수출하는 비중이 적지만 관련 수소 인프라가 전 세계적으로 구축되면 수소차 분야에서 가장 앞선 현대차의 수출도 크게 늘어날 것으로 생각됩니다.

이 책은 전기화학반응의 기초를 잘 설명하고 있습니다. 세계 최초의 전지인 볼타전지부터 현재 가장 널리 쓰이고 있는 리튬이온전지까지의 발전사를 기술적인 측면과 산업적인 측면을 고려해서 자세히 설명하고 있습니다. 발화 문제가 있는 리튬이온전지의 안전성을 향상하는 기술도 소개하고 있죠. 또한 미래에 널리 쓰일 가능성이 있는 리튬이온전지보다 성능이 좋은 미래 2차전지에 대해서도 소개하고 있습니다. 전기화학적 지식이 필요한 중고등학생, 그리고 대학생뿐만 아니라 2차전지에 관심이 있는 일반인들이 이해하기 쉽도록 쓰여 있습니다. 배터리는 산화환원 물질의 조합으로 만들 수 있는데 수없이 다양한 조합이 가능합니다. 발명왕으로 유명한 에디슨도 니켈과 철을 조합하여 2차전지를 개발하고 전기차의 전원으로 산업화를 시도하기도 했습니다. 이 책에서는 이렇게 일반인들에게는 좀 생소한 니켈-철전지도 소개하고 있습니다. 아무쪼록 많은 분들이 이 책을 통해 전기화학적 지식을 얻고, 2차전지에 대한 이해의 폭을 넓히기를 희망합니다.

한치환

차례

1장 | 전지에 관한 아주 기초적인 이야기

4장 | 다양한 리튬이온전지 이야기

전지를 사용하면서 궁금했던 점이나 신기하다고 생각한 점이 많을 것이다.
이 책을 읽으면 다음과 같은 궁금증까지 시원하게 해결할 수 있다!

질문	이 책의 대답
태양전지와 연료전지도 '전지'일까?	19~22쪽
전지의 화학반응은 산화·환원과 관계가 있을까?	47쪽
무엇이 이온화경향을 결정할까?	62쪽
왜 이온화서열에 금속이 아닌 수소가 들어가 있을까?	60쪽
건전지는 왜 '건'전지라고 불릴까?	18,76쪽
건전지는 왜 D전지나 AA전지나 모두 전압이 1.5V로 똑같을까?	88쪽
전지의 출력이란 전압을 말하는 것일까?	91쪽
1차전지는 왜 충전할 수 없을까?	103,168쪽
2차전지인 자동차배터리에 수명이 있는 이유는 무엇일까?	119,171쪽
'급속 충전'과 '일반 충전'의 차이는 무엇일까?	180쪽
어떻게 무선으로 충전할 수 있을까?	183~186쪽
축전기는 전지일까?	205쪽
애노드anode가 음극, 캐소드cathod가 양극이 맞나?	211쪽
리튬은 왜 전지에 쓰일까?	214쪽
리튬이온전지는 어떤 점이 뛰어난 것일까?	90,93,96,99,191쪽
리튬이온전지에는 왜 굳이 '이온'이라는 말을 넣었을까?	225쪽
리튬이온전지는 왜 열이 나고 폭발할까?	241쪽
유력한 차세대 2차전지는 무엇일까?	280쪽
전고체전지는 전해질도 고체일까?	280쪽
공기전지는 공기를 연료로 쓴다는 말이 진짜일까?	289쪽

1장

전지에 관한
아주 기초적인 이야기

화학전지에는 정해진 양의 전기를 다 쓰면 끝인 1차전지와

충전해서 여러 번 사용할 수 있는 2차전지가 있다.

사실 이 두 전지의 차이는 아주 사소하기 때문에

1차전지의 원리를 알면 2차전지도 쉽게 이해할 수 있다.

이번 장에서는 1차전지에서 시작된 화학전지의 역사를 따라가면서

원리와 구조 등 전지의 기초를 설명한다.

우리 주변에 있는 다양한 전지

　노벨 화학상 수상으로 리튬이온전지가 유명해지기는 했지만, 보통은 '전지'라는 말을 들으면 건전지부터 떠올리는 사람이 많을 것이다. 저렴하고 사용하기 쉬우며 안전한 건전지야말로 지금까지 가장 성공한 전지라고 할 수 있다.

　물론 건전지에도 망간건전지와 알칼리건전지 등 다양한 종류가 있다(우리나라에서는 보통 망간건전지를 건전지, 알칼리망간전지를 알칼라인전지라고 부르는 경우가 많다 - 감수자). 건전지의 '건'은 한자로 마를 건乾 자인데, 내부에 전해액(전해질 용액, 액체 전해질) 대신 액체를 젤로 만들어 고체에 흡수시킨 것이 들어 있기 때문에 붙은 이름이다. 따라서 전극 재료나 전해질의 종류가 무엇이든 상관없이 위와 같은 구조를 지닌 전지라면 모두 건전지라고 부를 수 있다. 건전지와 반대로 전해질이 액체인, 다시 말해 전해액을 사용하는 전지를 습전지라고 부른다.

　습전지는 전해액이 넘치거나 흘러나오는 등의 문제 때문에 가지고 다니기가 불편하다. 습전지의 이런 결점을 해결한 건전지가 발명되자 전지는 폭발적

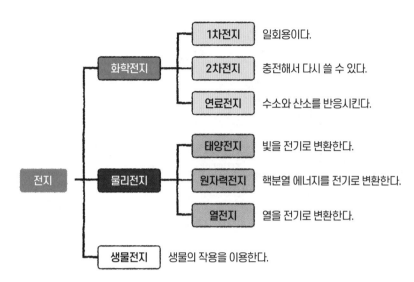

전지 ─ 화학전지 ─ 1차전지 — 일회용이다.
             ├ 2차전지 — 충전해서 다시 쓸 수 있다.
             └ 연료전지 — 수소와 산소를 반응시킨다.
      ├ 물리전지 ─ 태양전지 — 빛을 전기로 변환한다.
             ├ 원자력전지 — 핵분열 에너지를 전기로 변환한다.
             └ 열전지 — 열을 전기로 변환한다.
      └ 생물전지 — 생물의 작용을 이용한다.

그림 1-1 **전지의 분류**

으로 보급되었다.

참고로 전해질이란 용매에 녹았을 때 양이온과 음이온으로 나뉘는 물질을 말하지만, 이온을 포함하는 용액을 전해질이라고 부를 때도 있다. 이 책에서는 양쪽의 의미로 사용한다. 전해질에는 액체와 고체가 있으며, 액체 상태의 전해질을 전해액이라고 한다.

✚ 화학전지에는 1차전지와 2차전지가 있다

리튬이온전지와 건전지 외에도 수많은 종류의 전지가 있다. 전지는 먼저 기본 원리에 따라 화학전지와 물리전지로 분류할 수 있다(그림 1-1).

화학전지란 화학반응으로 전기를 발생시키는 장치다. 건전지와 리튬이온전

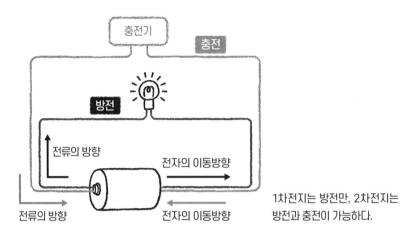

충전기

충전

방전

전류의 방향

전자의 이동방향

전류의 방향

전자의 이동방향

1차전지는 방전만, 2차전지는
방전과 충전이 가능하다.

그림 1-2 **1차전지와 2차전지**

지는 화학전지에 속한다.

　화학전지는 다시 1차전지, 2차전지(그림 1-2), 연료전지로 분류할 수 있다.
1차전지는 정해진 용량을 다 쓰면 끝인 일회용 전지를 가리키는데, 방전이 끝
나면 폐기할 수밖에 없다. 리모컨이나 시계에는 보통 1차전지인 알칼리망간건
전지(⇒p82) 등을 사용한다. 물론 니켈-수소전지(⇒p143) 같은 2차전지를 쓰
는 사람도 있다. 2차전지는 다 쓴 후에도 충전해서 여러 번 다시 쓸 수 있는 전
지를 말하며, 충전지나 축전지라고도 불린다. 리튬이온전지는 2차전지에 해
당한다.

✚ 연료전지는 1차전지도 2차전지도 아니다

　1차전지와 2차전지는 화학반응과 관련된 물질이 모두 전지 안에 들어 있으

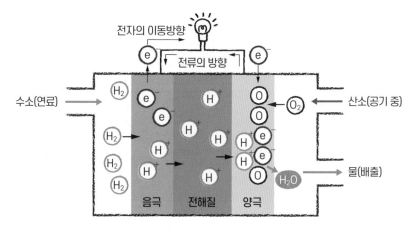

전자의 이동방향

전류의 방향

수소(연료)

산소(공기 중)

물(배출)

음극　전해질　양극

ⓔ⁻는 전자, Ⓗ⁺는 수소이온이다. 오른쪽 위의 −와 +는 전하를 뜻한다.

그림 1-3 **연료전지의 원리**

며, 따로 외부와 물질을 주고받지 않는다. 그러나 연료전지는 반응물질(연료)을 외부에서 공급받아야 한다. 연료전지는 수소와 산소가 반응하는 화학반응을 통해 전기를 만든다(그림 1-3).

일반적으로 기체 상태인 수소와 산소를 혼합하여 불꽃을 튀기면 폭발적으로 반응하여 물이 만들어진다. 이때 발생한 에너지는 열과 빛이 되어 대기로 방출된다. 연료전지는 수소와 산소의 반응을 촉매를 이용해 천천히 진행시켜, 에너지를 열과 빛이 아닌 전기에너지로 변환시킨다.

연료전지의 연료는 천연가스나 에탄올로 만든 수소, 그리고 공기 중의 산소다. 이런 연료를 외부에서 공급해줘야 하므로 연료전지는 화력발전과 비슷하다고 할 수 있다. 연료전지는 연료를 계속 공급해줘야만 발전 상태를 유지할 수 있으므로 1차전지나 2차전지라고 할 수 없다.

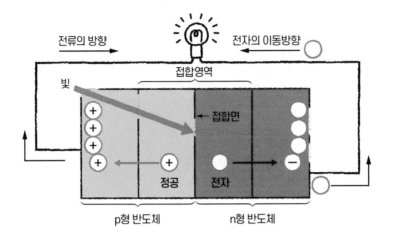

전류의 방향 → 　　전자의 이동방향

접합영역

빛

접합면

정공　　전자

p형 반도체　　　　n형 반도체

그림 1-4 **태양전지의 원리**

➕ 전지는 모두 발전장치다

한편 물리전지는 화학전지와 전기를 만드는 원리가 기본적으로 다르다. 물리전지는 화학반응이 아니라 빛, 열, 원자력 등의 에너지를 전기로 변환하는 장치다.

대표적인 물리전지로 태양전지가 있다. 태양전지는 햇빛을 받으면 직접 전기를 발생시킨다. 두 종류의 반도체(p형과 n형)가 접합한 부분에 태양광선을 쬐어주면 p형 반도체에는 정공이 모이고 n형 반도체에는 전자가 모여서 기전력(전압)이 발생한다. 그래서 p형과 n형을 도선으로 이어주면 p형이 양극이 되어 전류가 흐른다(그림 1-4). 정공이란 원래 그곳에 있어야 할 전자가 없는 빈 공간을 가리키며, 마치 양전하처럼 행동한다.

원자력전지와 열전지도 물리전지다. 원자력전지는 방사성 동위원소에서 나오는 방사선의 에너지를 전기에너지로 변환하는 장치로, 우주공간에서의 사용 같은 특수한 용도로 쓰인다. 열전지는 접촉한 서로 다른 두 종류의 금속(혹은 반도체)에 온도 차를 줌으로써 기전력을 발생시킨다.

효소와 엽록소 등의 생체촉매나 미생물을 이용해서 발전하는 생물전지(바이오전지)는 넓은 의미로 보면 화학전지의 일종이라고 할 수 있다.

'전지電池'라는 이름을 글자 그대로 해석하면 '전기電가 저장된 연못池'이다. 이름의 뜻을 그대로 적용하면, 연료전지나 태양전지는 전기를 저장하는 기능이 없으므로 전지라고 부르기 어렵다. 화학전지 또한 전지 안에 전기 자체가 담겨 있는 것이 아니라, 안에 있는 화학에너지를 전기에너지로 바꿀 뿐이다. 따라서 전지는 '전기를 저장하는 장치'라기보다는 전기를 만들어내는 '발전장치'라고 이해하는 편이 좋겠다.

2

형태로 분류한
화학전지

화학전지는 쓰이는 기기와 사용조건에 따라 여러 형태로 분류할 수 있다.

우리가 평소에 많이 쓰는 원통형 전지에는 D, C, AA, AAA, N의 네 종류가 있다(그림 1-5). 원통형 전지로는 1차전지인 망간건전지〈⇨p76〉와 알칼리망간건전지〈⇨p82〉 외에도 2차전지인 니켈-카드뮴전지(니카드전지)〈⇨p133〉, 니켈-수소전지〈⇨p143〉, 리튬이온전지〈⇨p220〉 등이 있다.

건전지 중에는 원통형 전지보다 더 큰 직육면체 모양의 각형 전지도 있다. 각형 건전지를 적층 건전지라고도 부르는데, 이것은 내부에 여러 건전지가 직렬로 연결되어 있기 때문이다. 건전지 1개의 전압은 1.5V이므로, 전지를 6개 연결해서 만든 각형 건전지의 전압은 9V다. 각형 전지는 전동공구나 무선조종 자동차 등 높은 전압이 필요한 기기에 주로 쓰인다. 각형 전지로는 망간건전지와 알칼리망간건전지, 니켈-수소전지 등이 있다. 참고로 적층 전지가 아닌 각형 전지도 있다.

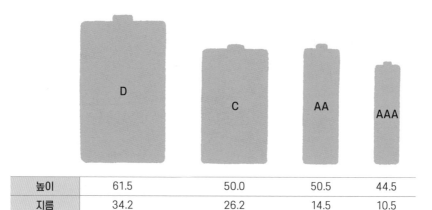

높이	61.5	50.0	50.5	44.5
지름	34.2	26.2	14.5	10.5

※ 단위는 밀리미터(mm)이며, 수치는 최댓값이다.

그림 1-5 **원통형 건전지의 크기 비교**

✚ 핀형과 파우치형 전지도 있다

전자계산기, 게임기, 손목시계, 보청기 같은 소형 기기에는 단추형 전지가 많이 쓰인다. 단추형 전지는 높이가 지름보다 작은 원통형 전지인데, 단추형 전지 중에서도 특히 동전처럼 얇은 것을 동전형 전지라고 불러서 구별하기도 한다. 단추형 전지로는 산화은전지(1차전지)와 알칼리망간전지 등이 있으며, 동전형 전지로는 리튬전지(1차전지), 리튬이온전지 등이 있다. 주요 전지제조사 중 하나인 파나소닉에서 판매하는 단추형·동전형 전지의 규격은 38가지나 된다.

보청기나 무선이어폰에는 더 작은 핀형 전지가 쓰인다. 핀형 전지는 지름 3~5mm, 높이 2~4cm밖에 되지 않는 아주 작은 전지로, 리튬전지와 리튬이온전지 등이 있다.

각형(적층형)

용도 : 전동공구, 무선조종
자동차, 카세트플레이어 등

단추형

용도 : 전자계산기, 게임기,
손목시계 등

동전형

용도 : 손목시계, 보청기,
각종 전자기기 등

핀형

용도 : 보청기, 무선이어폰,
전자낚시찌 등

파우치형

용도 : 음악재생기, 각종
웨어러블기기 등

자동차배터리

그림 1-6 **다양한 형태의 전지**

휴대용 음악재생기 등에 쓰이는 파우치형 리튬이온전지도 있다. 그 밖에도 두께가 1mm 미만이고 몸에 붙이고 다니도록 잘 구부러지는 패치형 전지도 개발 중인데, 사람 몸에 착용하는(웨어러블) 헬스케어기기의 전원 으로 쓰인다 (그림 1-6).

3

화학전지의
발명과 진화

전지의 기원은 18세기 유럽으로 거슬러 올라간다. 이탈리아 의학자 루이지 갈바니Luigi Galvani, 1737~1798는 한 가지 중대한 발견을 했다. 1780년에 갈바니는, 조수가 피부를 벗긴 개구리의 다리를 메스로 찌르자 근육이 마치 살아 있는 것처럼 움직이는 모습을 목격했다.

놀란 갈바니는 개구리 다리를 이용해 실험을 되풀이했고, 생물의 몸속에 저장된 전기가 근육을 움직이게 만든다는 결론을 내렸다. 그리고 여기에 동물전기라는 이름을 붙였다. 즉, 생체 내에 있는 동물전기가 흐르면서 근육이 움직인다고 생각한 것이다(그림 1-7).

갈바니 본인은 깨닫지 못했지만, 이때 세계에서 최초로 전지의 원리가 적용된 현상이 확인되었다고 할 수 있다. 이것은 레몬전지와 유사한 것으로, 화학전지의 일종이라고 할 수 있다.

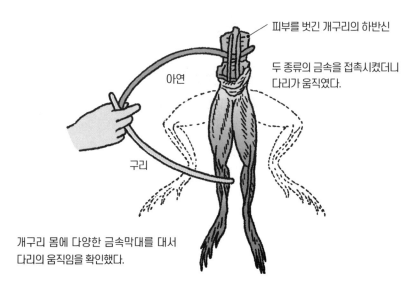

피부를 벗긴 개구리의 하반신

두 종류의 금속을 접촉시켰더니
다리가 움직였다.

아연

구리

개구리 몸에 다양한 금속막대를 대서
다리의 움직임을 확인했다.

그림 1-7 **갈바니의 동물전기**

✚ 볼타전퇴와 볼타전지

갈바니의 발표를 들은 이탈리아 물리학자 알레산드로 볼타Alessandro Volta, 1745~1827는 즉시 동물전기설에 이의를 제기했다. 볼타는 전기가 동물전기에 의해 발생한 것인지, 아니면 두 종류의 금속을 생체에 삽입함으로써 발생한 것인지 구별할 수 없다고 주장했다.

볼타는 개구리의 다리 대신 소금물에 적신 종이를 이용하여 두 종류의 금속을 접촉시켜 전류가 흐른다는 사실을 확인했다. 그리고 1794년에는 아연판과 구리판 사이에 소금물에 적신 종이를 끼운 것을 층층이 쌓아올린 볼타전퇴를 만들었다(그림 1-8).

이로써 볼타는 서로 다른 두 종류의 금속과 전해질(전해액)에 의해 전기가

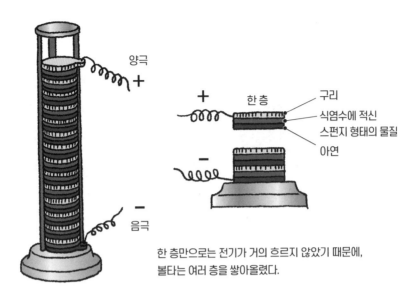

양극
+

+ 　한 층　구리
식염수에 적신
스펀지 형태의 물질
아연

−

−
음극

한 층만으로는 전기가 거의 흐르지 않았기 때문에,
볼타는 여러 층을 쌓아올렸다.

그림 1-8 **볼타전퇴의 구조**

발생함을 증명하여, 갈바니의 동물전기설을 부정했다.

　이어서 1800년에 볼타는 볼타전퇴를 개량하여, 전극으로 구리판과 아연판을 사용하고 전해질로 묽은황산을 이용한 볼타전지〈⇨p36〉를 발명했다. 볼타전지는 볼타전퇴와 함께 세계 최초의 화학전지로 불린다. 전압의 단위 볼트는 볼타에서 유래한 것이다.

✚ 우리에게 익숙한 건전지와
　가장 비슷한 다니엘전지

　볼타전지의 결점을 보완하고 화학전지를 실용화한 사람은 영국의 물리학자

이자 화학자인 존 프레더릭 다니엘John Frederic Daniell, 1790~1845이었는데, 그는 1836년에 다니엘전지⟨⇒p53⟩를 개발했다.

전극으로 아연(음극)과 구리(양극)를 사용한 점은 볼타전지와 똑같았지만, 다니엘전지는 양극의 전해질과 음극의 전해질을 각각 따로 준비했다는 점이 달랐다. 음극인 아연막대와 전해질인 황산아연 용액을 질그릇에 넣은 다음, 이것을 통째로 양극인 구리판을 담근 황산구리 용액에 넣었다. 즉, 두 가지 전해질을 질그릇으로 분리한 것이다. 이렇게 함으로써 회로에 연결해서 전류를 흘려도 기전력이 잘 떨어지지 않는, 다시 말해 지속시간이 긴 실용적인 전지를 만들 수 있었다.

오늘날의 건전지도 기본적인 구조는 다니엘전지와 같다⟨⇒p76⟩. 전해액이 흐를 걱정이 없는 '건'전지가 등장한 것은 이로부터 약 50년이 지난 1888년의 일이었다.

✚ 이어지는 전지의 진화

다니엘전지가 발명된 후에도 전지는 계속 개량되었다. 프랑스의 전기 기술자 조르주 르클랑셰Georges Leclanché, 1839~1882는 오늘날 쓰이는 건전지의 원형인 르클랑셰전지를 개발했다. 하지만 여전히 액체 전해질을 사용했기 때문에, 전해액이 흐르거나 용기가 부식되는 문제가 있었으며, 가지고 다니기도 불편했다.

이 문제는 독일의 의사이자 발명가인 카를 가스너Carl Gassner, 1855~1942가 해결했다. 가스너는 전해액에 석고가루를 섞어 풀처럼 만들어 사용했는데, 이렇

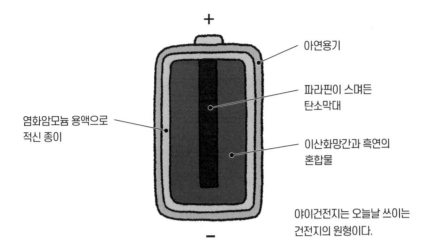

+

아연용기

파라핀이 스며든
탄소막대

염화암모늄 용액으로
적신 종이

이산화망간과 흑연의
혼합물

야이건전지는 오늘날 쓰이는
건전지의 원형이다.

−

그림 1-9 **야이건전지의 구조**

게 하면 전해액이 흐를 염려가 없었다. 이것은 세계 최초의 건전지라고 할 수
있으며, 가스너는 1888년에 독일에서 특허를 취득했다.

같은 시기에 덴마크에서도 발명가 빌헬름 헬레센Wilhelm Hellesen, 1836~1892이
건전지를 발명했다. 그리고 두 사람보다 앞서 일본의 기술자이자 발명가 야
이 사키조屋井 先藏, 1864~1927도 건전지를 발명했다. 그는 1885년에 독자적인 방
법으로 전해액이 흐를 염려가 없는 야이건전지를 발명했다(그림 1-9). 하지만
1893년에 특허를 취득하였기에 '세계 최초'라는 칭호는 놓치고 말았다.

간략하게 1차전지의 역사를 훑어봤다(표 1-1). 2차전지가 등장한 것은 볼
타전지가 발명되고 나서 59년이 지나서였다. 1859년에 프랑스 과학자 가스
통 플랑테Gaston Planté, 1834~1889가 세계 최초의 2차전지인 납축전지(연축전지)
〈⇒p106〉를 발명했다. 납축전지는 오늘날에도 가솔린엔진이나 디젤엔진을 사
용하는 자동차의 배터리로 많이 쓰이고 있다.

표 1-1 **전지 발명의 역사**

연도	발명된 전지	인물	이 책의 페이지
1780	(동물전기 발견 → 훗날 부정됨)	갈바니(이탈리아)	27쪽
1794	볼타전퇴	볼타(이탈리아)	27쪽
1800	볼타전지	볼타(이탈리아)	36쪽
1836	다니엘전지	다니엘(영국)	53쪽
1859	납축전지(최초의 2차전지)	플랑테(프랑스)	106쪽
1868	르클랑셰전지(현재 건전지의 원형)	르클랑셰(프랑스)	30쪽
1885	야이건전지	야이 사키조(일본)	30쪽
1888	건전지	가스너(독일) 헬레센(덴마크)	76쪽
1899	니켈-카드뮴전지(2차전지)	융너(스웨덴)	133쪽
1900	니켈-철전지(2차전지)	에디슨(미국)	123쪽
1907	아연-공기전지(1차전지)	페리(프랑스)	289쪽
1971	리튬전지(1차전지)	—	214쪽
1985	리튬이온전지(2차전지)	—	220쪽
1989	니켈-수소전지	—	143쪽

※ 발명된 연도에는 이견이 있을 수 있다.

4

자동차배터리로 맹활약하는 세계 최초의 2차전지

세계 최초의 2차전지인 납축전지가 볼타전지가 발명되고 나서 59년 후에 나 등장했다는 말을 들으면 정말 오랜 시간이 걸렸다는 생각이 든다. 그러나 이것도 건전지보다는 30년이나 먼저 만들어진 것이다. 그리고 이 납축전지는 놀랍게도 160년 이상 자동차용 배터리로서 확고부동한 지위를 유지한 채 오늘날까지 쓰이고 있다. 현재의 자동차용 배터리도 기본 구조는 플랑테가 발명한 당시와 같다.

자동차용 전지는 일반적으로 '배터리'라고 부르는데, 영어권에서는 '배터리battery'는 '전지'라는 뜻이므로 원통형 건전지도 '배터리'라고 부른다. 또 전지라는 뜻을 지닌 '셀cell'이라는 영어 단어도 있어서 산업계에서는 낱개의 전지(단전지)를 '셀', 단전지를 연결하여 전압을 높인 것을 '배터리'로 구분하기도 한다.

✛ 실현되지 못한 납축전지 전기자동차

납축전지의 '납'은 우리가 아는 납금속이다. 충전지와 축전지는 모두 '2차
전지'를 뜻하는 말이므로, 납축전지는 납과 이산화납을 전극으로 사용하는

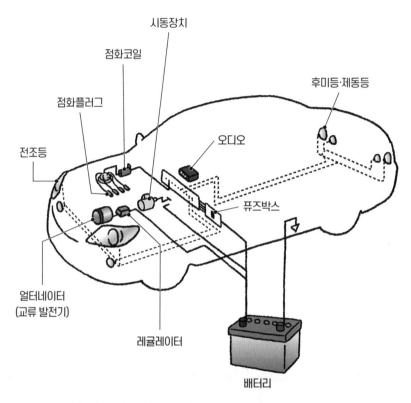

엔진이 작동할 때는 발전기가 만드는 전기를 사용하며, 이때 납축전지도 충전한다.
하지만 엔진을 끈 상태이거나 엔진에 시동을 걸기 위해 시동장치를 작동시킬 때에는
납축전지가 홀로 전력을 공급한다.
⋮
그래서 납축전지는 건전지나 다른 전지보다 훨씬 크다.

그림 1-10 **자동차 전기장치**

2차전지다⟨⇒p106⟩.

　자동차가 탄생한 초기에는 엔진(내연기관)과 전기모터가 자동차의 동력원 자리를 두고 주도권 다툼을 벌였는데, 이때 전기모터를 돌리기 위한 전원의 후보가 바로 납축전지였다. 하지만 당시 납축전지의 성능은 지금보다 한참 낮았기에, 결국 자동차의 심장은 엔진으로 결정되었고 납축전지는 램프 등의 전원 역할을 맡았다.

　그런데 시대가 변하면서 이제 자동차의 심장이 전기모터로 바뀌려 하고 있으니, 참으로 역사의 아이러니라고 할 수 있다.

　자동차에는 수많은 전기·전자기기가 존재하므로 그것을 하나의 그림에 전부 담아낼 수는 없다. 그래서 일부 기기만 그림 1-10에 실었다.

✚ 납축전지는 전력저장용

　납축전지는 리튬이온전지보다 2차전지로서의 성능이 떨어지지만, 가격이 저렴하고 오랫동안 안정적으로 사용할 수 있다. 그래서 납축전지는 전력저장용 2차전지로 사용되기도 한다. 다만, 에너지밀도가 작기 때문에 ⟨⇒p99⟩ 넓은 설치공간이 필요하다.

　현재 전력저장용으로 쓰이는 다른 전지로는 리튬이온전지⟨⇒p220⟩, 니켈-수소전지⟨⇒p143⟩, 나트륨-황전지(NAS전지)⟨⇒p152⟩, 바나듐전지(산화환원 흐름전지)⟨⇒p158⟩ 등이 있다.

전지의 기초

전지의 기본 구조

화학전지가 어떤 원리로 전기를 만드는지, 세계 최초의 화학전지인 볼타전지를 예로 들어 설명하겠다. 이 책에서는 기본적으로 화학전지에 관해 다루므로, 단순히 '전지'라고 썼어도 특별한 경우를 제외하면 모두 '화학전지'라는 뜻이다.

현재 고등학교 화학에서는 볼타전지를 거의 다루지 않는다. 왜냐하면 볼타전지에 관한 기존 설명에는 오류가 많고 만들어내는 전류도 약하기 때문이다.

하지만 볼타전지는 '세계 최초'라는 칭호뿐만 아니라 화학전지로서 가장 간단한 구조를 지니므로, 화학전지의 기초 지식을 배우는 데에는 안성맞춤이다. 그리고 모든 화학전지가 볼타전지의 단점을 개량하면서 진화했다는 사실을 생각해보면, 볼타전지의 단점을 아는 일은 의미가 있다.

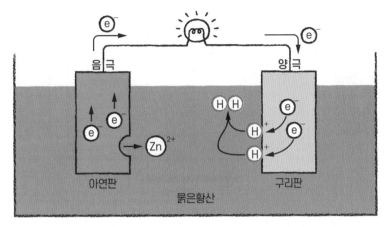

Zn²⁺ : 아연이온, e⁻ : 전자, H⁺: 수소이온, H-H(H₂) : 수소분자(수소기체)

그림 1-11 **볼타전지의 구조**

✚ 볼타전지의 구조

모든 화학전지에는 전극 두 개와 전해질이 필요하다. 볼타전지의 전극은 서로 다른 두 가지 금속이며, 액체 전해질을 사용한다.

다만 전지의 구조에 따라서 똑같은 금속을 전극으로 사용하기도 하고, 금속이 아니어도 도체라면 문제없다. 또한, 전해질도 이온이 이동할 수만 있다면 액체가 아니라 고체를 사용해도 된다.

볼타전지는 전극으로 구리판과 아연판을, 전해질로 묽은황산(수용액)을 사용한다. 기본적인 구조는 가정에서 쉽게 만들 수 있는 레몬전지와 같다.

볼타전지의 두 전극을 도선으로 연결한 회로를 닫으면, 아연판에서 아연 금속이 녹아나와 아연이온(양이온)이 되고 아연판에는 전자가 남는다. 아연판에 계속 전자가 쌓이면, 그 전자들이 도선을 따라 구리판으로 이동한다(그림

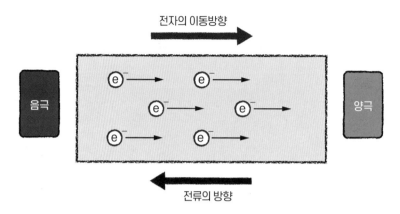

전자가 음극에서 양극으로 이동하면, 전류는 양극에서 음극으로 흐른다.

그림 1-12 **전자의 이동방향과 전류의 방향**

1-11). 회로에 전자를 흘려보내는 전극이 음극이므로 아연판이 음극이 되며, 전자가 이동해가는 구리판이 양극이 된다. 이렇게 회로에 전류가 흘러서 꼬마 전구에 이르면 불이 켜진다.

살펴본 것처럼 전자는 음극에서 양극으로 이동하지만, 전류는 구리판(양극)에서 아연판(음극)으로 흐른다. 이렇게 전자가 이동하는 방향과 전류의 방향이 반대인 이유는, 미처 전자를 발견하지 못했던 과거에 전류의 방향을 양극 → 음극이라고 정했기 때문이다(그림 1-12). 전류의 정체인 전자가 음극 → 양극으로 이동한다는 사실이 밝혀지자, 전류의 방향은 그대로 두고 전자가 음전하를 띠는 것으로 정의했다.

묽은황산 속에는 양전하를 띤 수소이온이 있는데, 전자가 양극에 도달하면 수소이온이 끌려와서 전자를 받아 수소원자가 되고, 수소원자는 2개씩 짝을 지어 수소분자(기체)가 된다. 이렇게 회로에는 전류가 흐르고 양극인 구리판에서는 수소기체가 발생한다. 여기까지가 볼타전지의 원리에 관한 기존 설명이다.

✚ 왜 아연판이 음극인가

볼타전지에서는 아연판이 음극이고 구리판이 양극이다. 두 가지 금속이 있는데, 하나는 음극, 또 하나는 양극이 되는 이유는 무엇일까? 그 이유는 아연이 구리보다 더 쉽게 이온이 되기 때문이다. 즉 '금속이 용액에 녹아서 양이온이 되려는 정도'인 이온화경향이 크기 때문이다. 주요 금속의 이온화경향을 표 1-2에 정리했으며, 65쪽에서도 이온화경향을 자세히 설명한다.

하지만 볼타전지에서 전류가 흐르는 진짜 이유는 아연과 구리의 이온화경향 차이가 아니라, 아연과 구리와 수소라는 세 가지 원소의 이온화경향 차이다. 구리는 수소보다 이온화경향이 작으므로 묽은황산에는 거의 녹지 않는다. 한편 아연은 수소보다 이온화경향이 크므로 묽은황산에 넣으면 녹아서 아연이온이 되며, 아연의 표면에서는 수소기체가 발생한다.

따라서 묽은황산에 아연판과 구리판을 넣으면, 아연은 녹고 구리는 그대로다. 그리고 이 둘을 도선으로 이어 주면 볼타전지가 된다.

✚ 음극에서도 수소기체가 발생한다

그렇다면 왜 아연판에서 구리판으로 전자가 이동하는 것일까. 그 이유는 아연이 녹으면서 생긴 자유전자가 아연판에서 넘쳐나 도선을 통해 이동하기 때

표 1-2 **금속의 이온화서열과 반응성**

이온화서열	물과의 반응	산과의 반응	공기 중에서의 산화
Li	상온의 물과 반응	염산이나 묽은황산 등과 반응하여 수소가 발생	건조한 공기 중에서 빠르게 산화
K			
Ca			
Na			
Mg	뜨거운 물과 반응		건조한 공기 중에서 천천히 산화
Al	뜨거운 수증기와 반응		
Zn			
Fe			
Ni	반응하지 않음		습한 공기 중에서 천천히 산화
Sn			
Pb			
(H)			
Cu		질산이나 뜨겁고 진한황산 같은 산화력이 강한 산에 녹음	
Hg			산화하지 않음
Ag			
Pt		왕수에 녹음	
Au			

문이다. 그리고 전자가 구리판에 도달하면 수소이온이 차례차례 끌려와서 전자와 만나 수소기체가 되므로 전류가 계속 흐를 수 있다.

그런데 실제로는 음극인 아연판에서도 수소기체가 발생한다. 그냥 아연만 묽은황산에 담가도 수소기체가 발생한다는 사실을 생각해보면, 당연한 일이다. 이 말은 아연판 표면에 쌓인 전자가 도선을 통해 이동하기 전에 수소이온과 결합할 수도 있다는 뜻이다.

그렇게 되면 아연의 산화반응으로 생긴 전자가 바로 그 자리에서 소비되어, 회로에는 전자가 잘 흐르지 않을 것이다. 이것이 바로 볼타전지에서 흐르는 전류가 아주 약한 이유다.

다만 이온화경향과는 무관하게, 구리 표면은 수소이온이 전자를 받아 수소 기체가 되는 반응을 촉진하는 촉매작용을 한다. 이렇게 구리판에서 전자가 소모되기에, 결과적으로 회로에는 약하게나마 전류가 흐를 수 있다. 이때 구리는 반응에 참여하지 않기 때문에 녹아들지 않는다.

전지의 기초

화학반응식으로 이해하는 전지반응

볼타전지의 전극에서 일어나는 화학반응을 반응식으로 나타내면, 일반적으로 다음과 같이 쓸 수 있다〈⇒p37, 그림 1-11〉.

《음극》 $Zn \rightarrow Zn^{2+} + 2e^-$

《양극》 $2H^+ + 2e^- \rightarrow H_2\uparrow$

따라서 전지반응 전체는 다음과 같다.

《반응 전체》 $Zn + 2H^+ \rightarrow Zn^{2+} + H_2\uparrow$

전지반응이란 전극과 전해질의 계면에서 일어나는 전기화학적 반응을 총칭하는 말이다. 식에 나오는 '↑'는 기체로 발생한다는 뜻이다.

표 1-3 **화학반응식에서 물질의 상태를 나타내는 기호**

물질의 상태	영어	기호
기체	gass	g
액체	liquid	l
고체	solid	s
수용액	aqua (라틴어로 '물'이라는 뜻)	aq

다만 앞에서도 설명했듯이 음극인 아연판에서도 수소가 발생하므로, 음극에서는 다음과 같은 반응도 일어난다.

《음극》 $Zn \rightarrow Zn^{2+} + 2e^-$

$2H^+ + 2e^- \rightarrow H_2\uparrow$

✛ 전지식에 있는 구리가 반응식에서는 안 보이는 이유

전지의 구조를 나타낸 식을 전지식이라고 하는데, 볼타전지의 전지식은 다음과 같다.

《전지식》 $(-)Zn|H_2SO_4|Cu(+)$

전지식에서는 왼쪽에 음극을 써야 한다. 위 식은 음극이 아연, 양극이 구리,

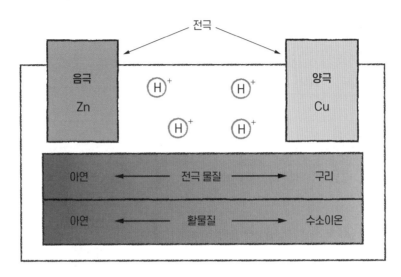

음극 물질(Zn) = 음극 활물질(Zn)이지만, 양극 물질(Cu) ≠ 양극 활물질(H⁺)이다. 전지반응의 화학반응식은 활물질의 반응을 나타낸 것이므로 구리는(Cu)는 등장하지 않는다.

그림 1-13 **볼타전지의 전극과 활물질**

전해질이 (묽은)황산임을 나타낸 것이다.

전지식과 화학반응식에서는 H_2SO_4를 $H_2SO_{4(aq)}$라고 쓸 때도 있다. 첨자인 'aq'는 '물'을 뜻하며, H_2SO_4가 수용액임을 나타낸다. 표 1-3에 물질의 상태를 나타내는 첨자를 정리했다.

그런데 볼타전지의 전지식과 앞에서 설명한 전지반응의 화학반응식을 비교해보면, 전지식에 나오는 구리(Cu)가 전지반응식에는 보이지 않는다. 그 이유는 구리판(양극)으로 이동해온 전자와 화학반응을 일으키는 것은 수소이온뿐이며, 구리 자체는 전지반응에 직접 관여하지 않기 때문이다. 이처럼 전극 물질이 전지반응에 직접 관여하지 않을 때도 있다.

반대로 아연과 수소이온처럼 전지에서 일어나는 화학반응에 직접 관여하는 물질을 활물질(활성물질)이라고 한다. 볼타전지에서는 전자를 제공하는 아연(Zn)이 음극 활물질이며, 전자를 얻는 수소이온(H^+)이 양극 활물질이다. 즉, 볼타전지에서는 음극 물질 = 음극 활물질, 양극 물질 ≠ 양극 활물질이다(그림 1-13). 전지반응의 화학반응식은 활물질의 반응을 나타낸 것이다.

전지의 기초
—
산화환원 반응

    일반적으로 산화반응이란 물질이 산소와 결합하는 반응을 말하며, 환원반응이란 반대로 물질이 산소를 잃는 반응을 말한다. 다만 산화환원의 정의를 산소를 주고받지 않는 반응에도 확장할 수 있는데, 수소를 잃는 반응을 산화, 수소와 결합하는 반응을 환원이라고 할 수 있다. 그뿐만 아니라 산소나 수소를 주고받지 않더라도 전자를 잃는 반응을 산화, 전자를 얻는 반응을 환원이라고 정의할 수 있다. 그리고 산화반응과 환원반응은 반드시 쌍으로 일어난다.

    산화환원의 정의를 통해 볼타전지의 화학반응을 살펴보면⇨ p36, p42 음극의 아연은 전자를 잃고 아연이온이 되므로 아연의 산화반응이며, 양극의 수소이온은 전자를 얻어서 수소원자(→ 수소분자)가 되므로 수소이온의 환원반응이다. 즉, 음극에서는 산화반응이 일어나고 양극에서는 환원반응이 일어난다. 이렇게 화학전지는 서로 다른 전극에서 일어나는 산화환원 반응을 통해 전력을 만들어내는 장치라고 할 수 있다.

표 1-4 **볼타전지에서 일어나는 산화와 환원**

전극	음극	양극
전극 물질	아연	구리
활물질	아연	수소이온
산화환원 반응	아연이 산화한다.	수소이온이 환원된다.
산화제와 환원제	산화제는 수소이온, 환원제는 아연	

　자연에서 일어나는 산화환원 반응은 대부분 발열반응이고 자발적으로 진
행된다. 화학전지에서는 이때 방출되는 에너지를 열이 아니라 전기라는 형태
로 꺼내서 쓰는 것이다.

✚ 산화제는 환원하고 환원제는 산화한다

　그럼 전지에서는 무엇이 산화제와 환원제에 해당할까? 산화제란 다른 물질
을 산화키시고 자기 자신은 환원되는 물질을 말한다. 반대로 환원제란 다른
물질을 환원시키고 자기 자신은 산화하는 물질이다.

　볼타전지에서는 아연(음극 활물질)이 산화하고 수소이온(양극 활물질)이 환원된
다. 따라서 수소이온이 산화제, 아연이 환원제가 된다. 볼타전지에서 산화환
원 반응에 관여하는 물질을 표 1-4에 정리했다.

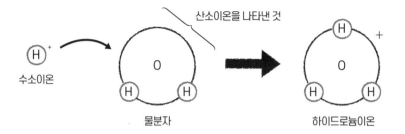

산소이온을 나타낸 것

수소이온

물분자

하이드로늄이온

수소이온은 물분자와 결합하여 하이드로늄이온(H_3O^+)이 된다.

꼭 묽은황산이 아니더라도, 수용액 내에서 수소이온은 단독으로 존재하지 않고
하이드로늄이온의 형태로 존재한다.

엄밀하게 말하면 하이드로늄이온은 더 수화한 $H_5O_2^+$나 $H_9O_4^+$ 형태로도 존재한다
(이 책에서는 간략화해서 수소이온(H^+)으로 적는다).

그림 1-14 **하이드로늄이온**

✛ 수소이온의 정체는 하이드로늄이온

볼타전지의 전해액은 묽은황산이며, 그 속에 있는 수소이온이 양극 활물질
로 작용한다. 그런데 사실 수소이온은 물분자와 결합하여 H_3O^+(하이드로늄이온
혹은 옥소늄이온)의 형태로 존재한다.

$$H^+ + H_2O \rightarrow H_3O^+ \text{ (그림 1-14)}$$

그리고 묽은황산은 다음과 같이 이온화한다.

$$H_2SO_4 + 2H_2O \rightarrow 2H_3O^+ + SO_4^{2-}$$

따라서 양극에서 실제로 일어나는 반응은 다음과 같다.

《양극》 $2H_3O^+ + 2e^- \rightarrow H_2\uparrow + 2H_2O$

전지의 기초

수소반응에 의한 전압 저하

전지의 기전력이란 양극과 음극의 전위차(전압)를 말한다. 볼타전지의 이론적인 기전력은 0.76V다(⇒p68). 그런데 볼타전지를 회로에 연결한 후에 바로 기전력을 측정해보면, 이론값보다 큰 1.1V가 나온다.

왜 처음에는 기전력이 이론값보다 큰 것일까? 그 이유는 구리가 산화해서 생긴 산화구리 때문이다. 구리판의 표면은 산화구리의 피막으로 뒤덮여 있다. 그래서 처음에는 산화구리가 묽은황산에 녹아서 생긴 구리이온이 전자를 받아서 구리가 되는 반응이 먼저 일어난다. 이때 산화구리의 화학반응은 다음과 같다.

$$Cu_2O + 2H^+ + 2e^- \rightarrow 2Cu + H_2O$$

즉, 산화구리의 환원반응에 필요한 전자가 이동해야 하므로 그만큼 기전력

표 1-5 순수한 묽은황산 속의 수소과전압

금속	수소과전압(V)	금속	수소과전압(V)
백금(Pt)	0.005	구리(Cu)	0.4
금(Au)	0.02	아연(Zn)	0.9
니켈(Ni)	0.2	납(Pb)	1.1
철(Fe)	0.3	수은(Hg)	1.1

※ 전류밀도가 $1mA/cm^2$일 때의 대략적인 값이다.
※ 수소과전압이 클수록 수소가 잘 발생하지 않는다.
※ 구리와 아연을 비교하면 구리가 수소과전압이 더 작으므로 아연보다 수소가 발생하기 쉽다.

이 커지는 것이다. 따라서 구리판 표면의 산화구리 피막이 모두 환원되면 기전력은 0.76V로 떨어진다.

✛ 수소과전압, 전압이 떨어지는 진짜 이유

그런데 볼타전지의 전압은 이후에도 계속 떨어져서 금방 0.4V 정도가 된다. 오늘날 우리가 사용하는 건전지의 기전력이 1.5V 정도이므로, 그 3분의 1에서 4분의 1 정도밖에 안 되는 셈이다.

전압이 떨어지는 이유 중 하나는 수소기체다. 전에는 양극인 구리판에서 발생한 수소분자가 구리보다 이온화경향이 크기 때문에, 수소분자가 다시 수소이온으로 돌아가면서 구리판에 전자가 늘어나 전압이 떨어진다고 설명하기도 했다.

하지만 전압이 떨어지는 진짜 원인은 수소과전압(표 1-5)이다. 수소과전압이란 수소이온이 전자를 받아서 수소이온 → 수소원자 → 수소분자(수소기체)가

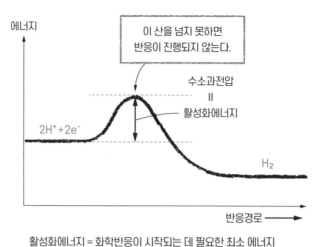

활성화에너지 = 화학반응이 시작되는 데 필요한 최소 에너지
⋮
반응이 시작되기 위해 넘어야 할 장벽

그림 1-15 **$2H^+ + 2e^- \rightarrow H_2\uparrow$의 활성화에너지**

될 때까지 발생하는 전위차를 말하며, 수소기체가 발생하기 위한 활성화에너지에 해당한다. 활성화에너지란 화학반응이 시작되기 위해 필요한 최소 에너지다(그림 1-15).

즉, 볼타전지에서는 양극에서 수소가 발생하면서 생기는 수소과전압 0.3V~0.4V 때문에 기전력이 그만큼 떨어져서 약 0.4V가 되는 것이다. 또한 양극에서 발생한 수소 거품이 전극에 달라붙어서 전극과 수소이온의 접촉을 방해하는 내부 저항으로 작용하는데, 이것도 전압이 떨어지는 원인이다.

이처럼 볼타전지에서는 발생한 수소기체가 기전력을 심하게 떨어뜨려 전지의 수명을 단축한다. 전지의 전압이 급격하게 떨어지는 이런 현상을 분극이라고 한다. 오늘날 쓰이는 화학전지의 원형이 볼타전지가 아니라 다니엘전지인 이유는, 볼타전지에는 수소에 의한 분극이라는 단점이 있기 때문이다.

9

볼타전지를 개량한 다니엘전지

세계 최초의 화학전지인 볼타전지는 전류가 약하고 전압이 금방 떨어지는 문제 때문에 실용적이지 않았지만, 이러한 단점을 하나씩 극복하면서 화학전지는 발전했다.

볼타전지를 개량하여 세계 최초로 실용적인 화학전지를 만든 사람은 영국의 화학자 존 프레더릭 다니엘이다.

그가 1836년에 발명한 다니엘전지는 볼타전지와 마찬가지로 아연과 구리를 전극으로 사용한다. 그러나 음극용과 양극용으로 두 가지 전해질(전해액)을 따로 준비했다는 점과 두 전해액을 질그릇으로 분리했다는 점이 볼타전지와 달랐다(그림 1-16). 질그릇에는 미세한 구멍이 많이 나 있기 때문에, 두 전해액은 급격하게 혼합되지는 않으나 구멍을 통해 접촉하기는 한다. 이 구멍을 통해 이온이 이동하여 두 전해액은 아주 천천히 섞인다. 이렇게 두 액체를 나누는 장벽을 분리막(세퍼레이터)이라고 한다.

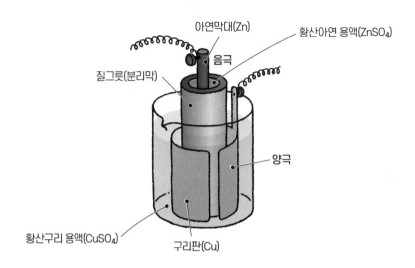

아연막대(Zn)

음극

황산아연 용액(ZnSO₄)

질그릇(분리막)

양극

황산구리 용액(CuSO₄)

구리판(Cu)

그림 1-16 **다니엘전지의 구조**

✚ 다니엘전지의 전지반응

다니엘전지의 음극 쪽을 보면 황산아연 용액에 아연막대가 담겨 있고 양극 쪽에는 황산구리 용액에 구리판이 담겨 있다. 전지식으로 나타내면 다음과 같다.

《전지식》 $(-)Zn|ZnSO_4||CuSO_4|Cu(+)$

두 전해액 사이에 선을 이중으로 그은 이유는, 질그릇으로 각 전해액이 분리되어 있기 때문이다.

음극에서는 아연이 녹아서 생긴 아연이온(Zn^{2+})이 전해질인 황산아연 용액 속에서 확산되고 아연막대에는 전자가 남는다. 아연막대에 쌓인 전자는 회로

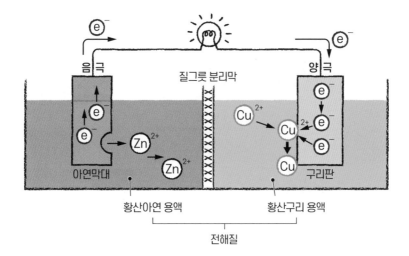

음극 질그릇 분리막 양극

아연막대 구리판

황산아연 용액 황산구리 용액

전해질

그림 1-17 **다니엘전지의 원리**

를 이동해서 양극인 구리판에 도달한다. 양극의 전해질인 황산구리 용액 안의 구리이온은 차례차례 전자를 받아서 구리금속으로 석출된다(그림 1-17).

이상을 화학반응식으로 나타내면 다음과 같다.

《음극》 $Zn \rightarrow Zn^{2+} + 2e^-$

《양극》 $Cu^{2+} + 2e^- \rightarrow Cu$

《반응 전체》 $Zn + Cu^{2+} \rightarrow Zn^{2+} + Cu$

볼타전지에서는 수소기체가 발생하면서 분극이 일어났지만, 다니엘전지에서는 묽은황산을 전해질로 쓰지 않기 때문에 전극에서 수소기체가 발생하지 않는다.

다니엘전지의 음극 활물질은 아연(=환원제)이며, 양극 활물질은 구리이온(=산

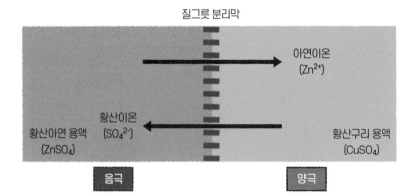

질그릇 분리막

아연이온
(Zn^{2+})

황산이온
(SO_4^{2-})

황산아연 용액
($ZnSO_4$)

황산구리 용액
($CuSO_4$)

음극

양극

그림 1-18 **분리막을 통과하는 이온**

화제)이다. 또한 다니엘전지의 기전력은 1.1V로, 이것은 볼타전지가 방전을 시작한 직후의 기전력과 같다. 왜 1.1V가 되는지는 68쪽에서 설명하겠다.

✚ 질그릇 분리막이 하는 일

전지반응이 진행되면 음극 쪽에서는 아연이온의 농도가 높아져서 전해질이 양전하를 띤다. 따라서 전해질의 전하보존법칙에 따라 아연이온이 양극 쪽으로 이동하거나 혹은 양극 쪽의 황산이온(SO_4^{2-})이 음극 쪽으로 이동하게 된다. 전하보존법칙이란 어떠한 이온이 포함되어 있더라도 용액 전체의 양전하와 음전하의 총합은 0으로 유지된다는 원리다.

한편 양극 쪽에서는 전지반응이 진행되면 구리이온의 농도가 낮아져서 전해질이 음전하를 띤다. 이를 막기 위해서는 음극 쪽에서 아연이온이 오거나 황산이온이 음극 쪽으로 가야 한다.

그래서 잘 만들어진 다니엘전지에서는 대체로 아연이온이 음극 쪽에서 양극 쪽으로 이동하고, 황산이온이 양극 쪽에서 음극 쪽으로 이동한다(그림 1-18). 이처럼 질그릇 분리막은 두 전해액을 분리하는 벽인 동시에 양이온과 음이온이 지나다니는 길이 되어준다.

✛ 왜 두 종류의 전해질을 사용할까

볼타전지처럼 전해질로 묽은황산만을 사용하면 수소기체가 발생해서 분극이 일어난다. 그렇다면 황산아연 용액이나 황산구리 용액 중 하나만 전해질로 사용하면 어떨까?

만약 황산아연 용액만 전해질로 사용하면 양극에서 아무런 화학반응도 일어나지 않으므로 전류가 흐르지 않는다.

황산구리 용액만 전해질로 사용하는 경우에는 이온화경향에 의해 음극의 아연이 녹아 아연이온이 된다. 그리고 아연막대 위에 있는 전자를 구리이온이 받아서 구리금속이 석출되는데, 이것은 볼타전지의 아연판에서 수소가 발생하는 것과 똑같은 원리다.

다시 말해 아연막대 자체에 음극과 양극이 생긴 상태이며, 이 음극과 양극이 아연막대라는 도체로 이어진 채로 진행되는 전지반응이라고 할 수 있다. 이러한 미세한 전지를 한곳전지(국소전지, 국부전지)라고 하며, 한곳전지가 방전하는 일을 자체방전이라고 한다(그림 1-19). 참고로 황산아연 용액과 황산구리 용액을 섞어서 전해질로 사용해도 똑같은 일이 생긴다.

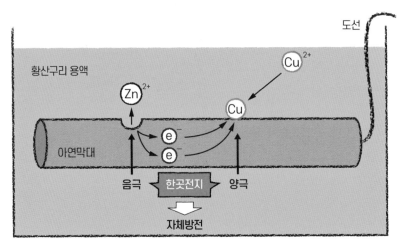

한곳전지가 만들어져서 자체방전이 일어나면 전자가 도선에서 흐르지 않으므로, 전지에서 전류를 꺼낼 수 없다.

그림 1-19 **한곳전지와 자체방전**

그래서 두 가지 전해질을 사용하되, 섞이지 않도록 질그릇으로 차단함으로써 전지반응이 계속 일어나게 한 것이 다니엘전지다. 그러나 실제로는 조금이지만 구리이온도 질그릇을 통과하므로, 아연막대에서 구리이온에 의한 자체방전이 일어나면서 다니엘전지의 기전력은 서서히 떨어진다. 구리이온의 이동을 완전히 차단하려면 이온선택성 고분자막 같은 첨단 재료를 써야 한다.

10

전지의 전기를 만드는 이온화경향에 관하여

서로 다른 두 가지 금속을 전극으로 삼아서 화학전지를 만들면, 어느 쪽이 음극이 되고 어느 쪽이 양극이 될까? 다니엘전지에서는 아연판이 음극이고 구리판이 양극이었다. 하지만 그렇다고 '아연은 언제나 음극이고 구리는 언제나 양극이다'라고 생각해서는 안 된다. 앞에서도 설명했듯이 이것은 이온화경향의 크기에 따라 결정되기 때문이다. 다니엘전지에서 아연판이 음극인 이유는 아연의 이온화경향이 구리보다 크기 때문이다.

이온화경향이란 금속이 용액 속에서 전자를 잃고 양이온이 되기 '쉬운' 정도를 뜻한다. 따라서 이온화경향이 큰 금속은 전해액에 쉽게 녹아서 양이온이 되며, 전극에는 전자가 남는다. 다시 말해 상대적으로 이온화경향이 큰 금속은 음극이 된다는 뜻이다.

반대로 상대적으로 이온화경향이 작은 금속의 이온은 전자를 받아서 금속으로 돌아가려고 한다. 그래서 황산구리 용액에 아연을 넣으면 아연의 표면에 구리가 석출된다.

　이온화경향의 크기를 기준으로 금속원소를 나열한 것을 이온화서열이라고 한다. 이온화서열에 수소가 들어가 있는 이유는 수소가 금속과 마찬가지로 양이온이 되기 때문이다. 또한, 수소가 들어감으로써 금속이 물에 녹는지를 대략 알 수 있다. 또 수소보다 이온화경향이 작은 금속은 산화력이 없는 산에 는 녹지 않는다(⇨p40, 표 1-2).

✚ 상대에 따라 음극이 되기도 하고 양극이 되기도 한다

　구리판과 은판을 도선으로 연결한 채 소금물에 넣으면 화학전지가 되어 아 주 미약하게나마 전류가 흐른다. 이 전지에서는 구리가 아주 약간 녹으면서 구리판에 쌓인 전자가 도선을 따라 은판으로 이동한다. 즉, 구리판이 음극이 되고 은판이 양극이 된 것이다. 만약 아연과 마그네슘을 전극으로 삼으면 마 그네슘이 음극이 되고 아연이 양극이 된다.

　그림 1-20에서는 서로 다른 세 가지 금속판 중 두 개를 검류계에 연결했을 때 흐르는 전류의 방향을 통해 각각의 금속의 정체를 알아내는 문제를 소개했다.

　이처럼 어떤 금속이 음극이 될지 양극이 될지는 또 다른 금속이 무엇이냐에 달렸다. 따라서 기본적으로 금속은 양극이 될 수도 있고 음극이 될 수도 있다.

　이온화경향과 산화환원 반응의 관계를 살펴보면, 이온화경향이 더 큰 금속 이 환원제로 작용하여 자신은 산화한다. 반대로 이온화경향이 더 작은 금속 은 산화제로 작용하여 자신은 환원된다. 앞에서 예로 든 구리와 은의 화학전지에서는 구리가 환원제, 은이 산화제로 작용한다.

금이나 백금 같은 귀금속은 오랫동안 방치해도 녹이 슬지 않는다. 그래서 값어치가 있고 비싼 것인데, 녹이 슬지 않는 이유는 이온화경향이 매우 작기 때문이다.

아래는 일본의 '2017년도 대학입학센터시험(우리나라의 대학수학능력시험과 유사한 시험—옮긴이)'의 '화학' 과목에서 실제로 나온 문제를 표현만 바꾼 것으로, 이온화경향을 이해했는지 확인하는 내용이니 한번 도전해보기 바란다.

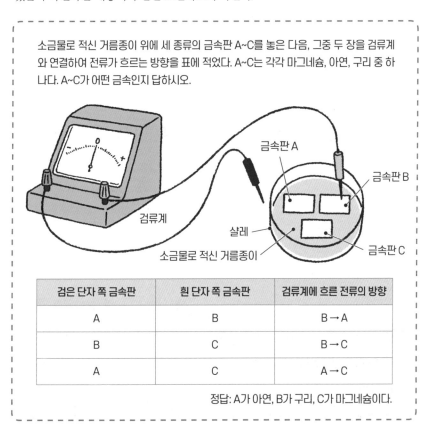

소금물로 적신 거름종이 위에 세 종류의 금속판 A~C를 놓은 다음, 그중 두 장을 검류계와 연결하여 전류가 흐르는 방향을 표에 적었다. A~C는 각각 마그네슘, 아연, 구리 중 하나다. A~C가 어떤 금속인지 답하시오.

검은 단자 쪽 금속판	흰 단자 쪽 금속판	검류계에 흐른 전류의 방향
A	B	B → A
B	C	B → C
A	C	A → C

정답: A가 아연, B가 구리, C가 마그네슘이다.

그림 1-20 **이온화경향에 관한 시험문제**

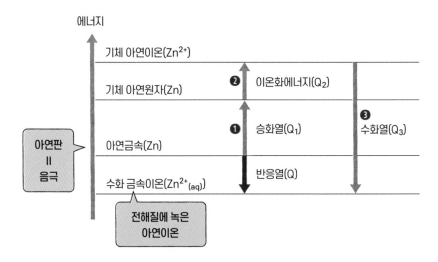

에너지

기체 아연이온(Zn^{2+})

기체 아연원자(Zn)

❷ 이온화에너지(Q_2)

❶ 승화열(Q_1)

❸ 수화열(Q_3)

아연판
=
음극

아연금속(Zn)

수화 금속이온($Zn^{2+}_{(aq)}$)

반응열(Q)

전해질에 녹은
아연이온

그림 1-21 **아연이 아연이온(수화)이 될 때의 에너지**

✛ 금속이 양이온이 될 때 필요한 에너지

그럼 이온화경향은 어떻게 정해지는 것일까? 이것을 이해하려면 먼저 금속이 어떠한 과정을 거쳐 이온이 되는지를 알아야 한다. 일반적으로 금속은 결정 구조를 이루므로, 개별적인 이온이 되려면 금속원자 하나가 결정에서 떨어져나와야 한다.

간단하게 과정을 설명하면 금속은 먼저 ❶주변환경에서 승화열을 얻어서 기체화한 금속원자가 된다. 그리고 ❷이온화에너지를 얻어서 기체 금속이온이 되며, 이어서 ❸수화열을 방출하며 물분자와 결합하여 (수화) 금속이온이 된다(그림 1-21).

이온화에너지는 원자에서 전자를 떼어내는 데 필요한 에너지이므로, 아연처럼 2가 양이온(Zn^{2+})이 될 때는 이온화에너지에도 두 단계가 있다. 먼저 1차

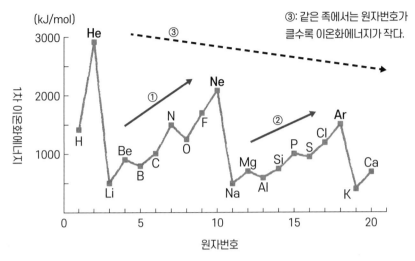

그림 1-22 **1차 이온화에너지**

이온화에너지를 얻어서 전자를 하나 방출한 다음, 2차 이온화에너지를 얻어서 두 번째 전자를 방출하는 식이다.

그림 1-22는 원자번호 1번인 수소(H)부터 20번인 칼슘(Ca)까지의 1차 이온화에너지를 나타낸 것이다.

따라서 금속이 이온이 될 때의 반응열 Q는 승화열이 Q_1, 이온화에너지(1차와 2차의 총합)가 Q_2, 수화열이 Q_3이라고 할 때 다음과 같다(그림 1-21).

$$Q = Q_3 - (Q_1 + Q_2)$$

✚ 이온화에너지와 이온화경향

이 반응열 Q가 0보다 크면, 즉 Q > 0(발열반응)이면 반응이 저절로 진행된다. 이온화경향은 이 반응열 Q로 결정되는데, 반응열 Q가 클수록 생성물인 금속이온이 열역학적으로 안정되어 이온화경향이 커진다.

따라서 위 식에 따라 수화열 Q_3이 클수록, 그리고 승화열 Q_1과 이온화에너지 Q_2가 작을수록 이온화경향이 크다는 사실을 알 수 있다.

이온화경향과 이온화에너지는 이름이 비슷해서 혼동하기 쉽다. 이온화경향은 금속원자가 수화이온이 될 때까지의 모든 과정을 포함한 척도이며, 이온화에너지는 그 일부다.

11

이온화경향을 보여주는
표준환원전위

　금속의 이온화경향은 결정 상태에서 양이온이 되기까지의 반응열의 크기로 비교할 수 있다〈⇒p62〉. 하지만 이온화경향 자체를 구체적인 수치로 나타내기는 어렵다. 왜냐면 이온화경향에는 용액의 온도, pH, 농도, 공존하는 이온 등 다양한 요인이 복잡하게 얽혀 있기 때문이다.

　다만 각 금속을 전극으로 삼았을 때의 표표준환원전위를 구한 다음, 이를 비교함으로써 이온화경향의 크기를 비교할 수는 있다. 표준환원전위의 크기 순으로 금속을 나열하면 이온화서열과 일치하는데, 여기서는 이것에 관해 설명하겠다.

✛ 표준수소전극을 이용한 전위 측정

용액에 금속을 넣으면 용액과 금속 사이에 전위차가 생긴다. 수소보다 이온화경향이 큰 금속을 산에 담그면 녹아서 이온이 되며, 금속 자체는 전극이 된다. 이것이 화학전지의 기본 원리인데, 전극 두 개로 구성된 전지의 기전력은 측정할 수 있지만 금속 하나만으로는 전위, 즉 반전지의 기전력을 측정할 수 없다. 반전지란 도선으로 잇지 않은 두 전극 중 어느 한쪽만을 가리키는 말이다. 반전지에서 일어나는 화학반응을 반반응이라고 한다.

반전지의 전위는 측정할 수 없지만, 상대 전극으로 표준수소전극을 이용하는 방법이 있다. 표준수소전극의 전위를 0이라고 정의하여 금속의 반전지 기전력을 정하는 것이다.

수소전극의 구조를 살펴보면, 수소이온을 포함하는 용액에 백금판을 담그고 수소기체(수소분자: H_2)를 공급해서 거품을 백금판에 접촉시킨다(그림 1-23). 백금을 사용하는 이유는 이온화경향이 작아서 반응성이 낮을 뿐만 아니라, 수소기체를 수소이온으로 만드는 강한 촉매이기 때문이다.

수소기체(H_2)는 백금 표면에 흡착하면 분해되어 수소원자(H)가 되며, 용액의 수소이온과 평형상태를 이룬다. 이것이 수소전극이다.

$H_2 \rightleftarrows 2H^+ + 2e^-$ (평형)

표준환원전위를 측정하고 싶은 전극과 수소전극을 연결했을 때의 수소전극의 기전력은 수소이온이 환원되면서 발생한다.

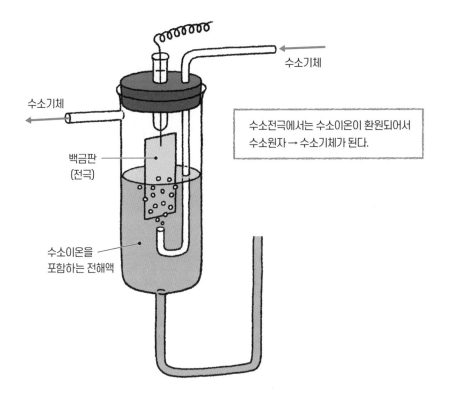

수소기체

수소기체

수소전극에서는 수소이온이 환원되어서
수소원자 → 수소기체가 된다.

백금판
(전극)

수소이온을
포함하는 전해액

수소기체(H_2)가 백금 표면에 흡착

⋮

분해되어 수소원자(H)가 되어, 전해액 내의 수소이온과 평형상태가 된다 = 수소전극

⋮

표준환원전위를 측정하고 싶은 전극과 연결하면,
수소이온이 환원되어 수소전극의 기전력이 발생한다.

그림 1-23 **수소전극의 구조(예)**

$$2H^+ + 2e^- \longrightarrow H_2$$

수소전극의 전위는 수소이온의 활동도에 따라 정해진다. 따라서 수소기체를 1기압으로, 용액 내 수소이온의 활동도를 1로 조정한다. 이것을 표준 상태라고 하며, 표준 상태에 있는 수소전극을 표준수소전극이라고 한다. 수소이온의 활동도란 실제로 산화환원 반응에 기여하는 이온의 농도를 말하는 것으로, 다시 말해 유효농도다.

✚ 전지의 기전력은 표준환원전위로 알 수 있다

표준수소전극을 기준전극으로 삼고 임의의 전극을 상대전극으로 삼아서 기전력을 측정한다. 이때 표준수소전극의 전위를 0V로 정의하며, 측정한 기전력의 값은 금속전극의 표준환원전위가 된다.

아연의 표준환원전위는 −0.763V인데, 정확히 말하면 이것은 전위차이므로 '수소와 수소이온 사이에서 생기는 전위보다 0.763V 작은 값'이라는 뜻이다. 나중에 설명하겠지만, 이 0.763V가 볼타전지의 이론 전압(기전력)이 된다.

실제로 수소전극과 금속전극으로 전지를 만들면 수소보다 이온화경향이 큰 금속이 양이온이 되어 전자를 방출하므로, 금속전극 쪽이 음극이 되어 표준환원전위는 음의 값이 된다.

표준환원전위의 값이 음이면서 절댓값이 큰 원소일수록 산화하기 쉬우며, 이것은 다시 말해 양이온이 되기 쉽다는 뜻이다. 반대로 표준환원전위의 값이 양이면서 절댓값이 큰 원소일수록 양이온이 되기 어려우며, 그 산화물은

표 1-6 **표준환원전위**

이온화서열	표준환원전위 (V)	반반응식
Li	-3.045	$Li^+ + e^- \rightarrow Li$
K	-2.925	$K^+ + e^- \rightarrow K$
Ca	-2.840	$Ca^{2+} + 2e^- \rightarrow Ca$
Na	-2.714	$Na^+ + e^- \rightarrow Na$
Mg	-2.356	$Mg^{2+} + 2e^- \rightarrow Mg$
Al	-1.676	$Al^{3+} + 3e^- \rightarrow Al$
Zn	-0.763	$Zn^{2+} + 2e^- \rightarrow Zn$
Fe	-0.440	$Fe^{2+} + 2e^- \rightarrow Fe$
Ni	-0.257	$Ni^{2+} + 2e^- \rightarrow Ni$
Sn	-0.138	$Sn^{2+} + 2e^- \rightarrow Sn$
Pb	-0.126	$Pb^{2+} + 2e^- \rightarrow Pb$
(H)	0.000	$2H^+ + 2e^- \rightarrow H_2$
Cu	+ 0.337	$Cu^{2+} + 2e^- \rightarrow Cu$
Hg	+ 0.789	$Hg_2^{2+} + 2e^- \rightarrow 2Hg$ ※
Ag	+ 0.799	$Ag^+ + e^- \rightarrow Ag$
Pt	+ 1.188	$Pt^{2+} + 2e^- \rightarrow Pt$
Au	+ 1.520	$Au^{3+} + 3e^- \rightarrow Au$

※ 표준환원전위는 오른쪽 열의 반반응식에서의 이론값이다.
※ Hg_2^{2+}는 수은이온(I)이며, Hg^+ 두 개가 공유결합한 이합체다.

환원되기 쉽다는 말이 된다. 표준환원전위가 작은 순으로 나열한 것을 전기화학서열이라고 하며, 이것은 이온화서열과 일치한다(표 1-6).

✚ 볼타전지와 다니엘전지의 기전력 차이

그럼 다니엘전지의 이론 전압(기전력)은 얼마인지 계산해보자.

다니엘전지에서는 음극인 아연의 표준환원전위가 −0.763V이며, 양극인 구리의 표준환원전위가 +0.337V다. 전지의 기전력은 양극 전위에서 음극 전위를 뺀 값이므로, 다음과 같이 계산하면 된다.

$$0.337 - (-0.763) = 1.1(V)$$

이것이 다니엘전지의 이론적인 기전력이다.

한편 볼타전지의 전해질은 묽은황산이므로 양극 활물질은 구리이온이 아니라 수소이온이다. 따라서 아연과 수소의 표준환원전위를 이용해 다음과 같이 계산할 수 있다.

$$0 - (-0.763) = 0.763(V)$$

12
깁스에너지, 표준환원전위를 구하는 또다른 방법

실험으로 측정하는 방법 말고도 깁스에너지를 통해 이론적으로 전지의 기전력(전압)과 표준환원전위를 구하는 간단한 방법이 있다. 깁스에너지는 자유롭게 꺼낼 수 있는 물질을 지닌 화학에너지(그림 1-24)를 가리키며, 깁스자유에너지라고도 한다.

화학반응 전후로 깁스에너지가 감소했다면, 감소한 양만큼의 에너지가 반응열 등의 형태로 외부로 방출되었다는 뜻이다. 전지에서는 전기에너지로 변환되었다고 볼 수 있다. 흘러나온 전자의 몰수를 n, 패러데이상수(전자 1mol당 전기량)를 96500C(쿨롱), 전자의 전위를 E(V)라고 할 때 전기에너지는 다음과 같이 나타낼 수 있다.

전기에너지 = $-[96500 \times n \times E]$(단위는 줄:J)···①

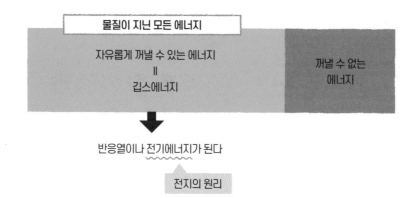

물질이 지닌 모든 에너지

자유롭게 꺼낼 수 있는 에너지
＝
깁스에너지

꺼낼 수 없는 에너지

반응열이나 전기에너지가 된다

전지의 원리

그림 1-24 **깁스에너지**

이 식 ①로 전지의 기전력과 전극 물질의 표준환원전위를 구할 수 있다. 화학반응으로 변화하는 반응깁스에너지의 값은 화학 전문서 등에 실려 있는 표준 생성깁스에너지를 이용해 계산할 수 있다.

✚ 기전력과 표준환원전위 계산하기

다니엘전지의 기전력을 계산해보자. 다니엘전지의 전지반응식은 다음과 같이 나타낼 수 있다〈⇨ p53〉.

《반응 전체》 $Zn + Cu^{2+} \rightarrow Zn^{2+} + Cu$

자료를 찾아보면 표준 생성깁스에너지는 Cu^{2+}가 65.49kJ/mol이며, Zn^{2+}가 −147.1kJ/mol이다. 표준 생성깁스에너지란 표준 상태(0℃, 1기압)에서 홑원소물

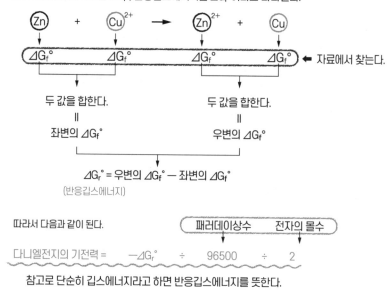

표준 생성깁스에너지는 $\Delta G_f°$, 반응깁스에너지는 $\Delta G_r°$이라고 나타낸다.

Zn + Cu^{2+} → Zn^{2+} + Cu

$\Delta G_f°$ $\Delta G_f°$ $\Delta G_f°$ $\Delta G_f°$ ← 자료에서 찾는다.

두 값을 합한다.   두 값을 합한다.
‖   ‖
좌변의 $\Delta G_f°$ 우변의 $\Delta G_f°$

$\Delta G_r°$ = 우변의 $\Delta G_f°$ — 좌변의 $\Delta G_f°$
(반응깁스에너지)

따라서 다음과 같이 된다.   패러데이상수   전자의 몰수

다니엘전지의 기전력 = $-\Delta G_r°$ ÷   96500   ÷   2

참고로 단순히 깁스에너지라고 하면 반응깁스에너지를 뜻한다.

※ $\Delta G_f°$의 아래 첨자인 'f'는 'formation', 위첨자인 '°'은 기준 상태(활동도가 1)를 뜻한다. $\Delta G_r°$의 'r'은 'reaction'이다.

그림 1-25 **다니엘전지의 기전력 구하기**

질이 1mol의 이온이나 화합물이 될 때 발생하는 깁스에너지를 말하며, 홑원소물질인 Zn과 Cu에서는 0이다. 그리고 반응식 우변의 표준 생성깁스에너지의 총합에서 좌변의 표준 생성깁스에너지의 총합을 뺀 값이 반응깁스에너지(=전지에서 꺼낸 전기에너지)가 된다.

따라서 다니엘전지의 반응깁스에너지는 -147.1 - 65.49 = -212.59(kJ/mol)가 되며, 이를 위의 식 ①에 대입하면 된다(그림 1-25). 이때 전자는 2mol(n = 2) 생성되므로, 다니엘전지의 기전력은 다음과 같이 계산할 수 있다.

$-212590 = -96500 \times 2 \times E$

$E \fallingdotseq 1.1(V)$

또한 다니엘전지의 음극과 양극에서는 다음과 같은 반응이 일어난다.

《음극》 $Zn \rightarrow Zn^{2+} + 2e^-$

《양극》 $Cu^{2+} + 2e^- \rightarrow Cu$

음극에서는 아연의 산화반응이, 양극에서는 구리의 환원반응이 일어나는 것이다. 따라서 아까 찾아봤던 표준 생성깁스에너지 Zn^{2+} = $-147.1kJ/mol$과 Cu^{2+} = $65.49kJ/mol$로 양극과 음극의 반응깁스에너지를 각각 구하면, 양극= $-147.1kJ/mol$, 음극= $-65.49kJ/mol$이 된다. 이것을 식 ①에 대입하여 음극 아연의 기전력(표준산화전위)과 양극 구리의 기전력(표준환원전위)을 각각 구하면, 다음과 같이 된다.

《음극》 $-147100 = -96500 \times 2 \times$ (아연 기전력(표준산화전위)) = 0.76V

《양극》 $-65490 = -96500 \times 2 \times$ (구리 기전력(표준환원전위)) = 0.34V

두 반응을 합치면 위에서 계산한 다니엘전지의 기전력인 1.1V가 된다.

2장

건전지와
2차전지 이야기

'전지의 성능'이란 구체적으로 무엇을 가리키는 말일까?

꺼낼 수 있는 전기의 세기일까, 아니면 양일까?

혹은 충전할 수 있는지 여부일까?

이번 장에서는 가장 흔히 접할 수 있는 건전지를 예로 들어

전지의 성능에 관해 살펴본다.

그리고 왜 1차전지는 충전할 수 없는지 설명한다.

이것은 2차전지는 어떻게 충전할 수 있는지에 대한 설명이기도 하다.

1

건전지의
구조와 원리

건전지는 우리에게 가장 익숙한 화학전지다. 대표적인 건전지인 망간건전지와 알칼리망간건전지의 구조와 전지반응을 알아보자.

건전지란 액체 전해질을 풀처럼 만들거나 종이와 솜 같은 고체 물질에 스며들게 만들어 전해액이 새어나오지 않도록 한 1차전지를 말한다. 국내외의 수많은 제조사에서 생산하고 있으며 방전의 기본 원리는 똑같지만, 구조와 성분에는 차이가 있다. 여기서는 일반 사양의 건전지를 설명한다.

✚ 망간건전지의 구조

망간건전지(간단히 망간전지라고도 한다)는 건전지 중에서도 가장 저렴해서, 할인매장 등에서 AA 사이즈가 여러 개 들어 있는 상품을 쉽게 찾아볼 수 있다.

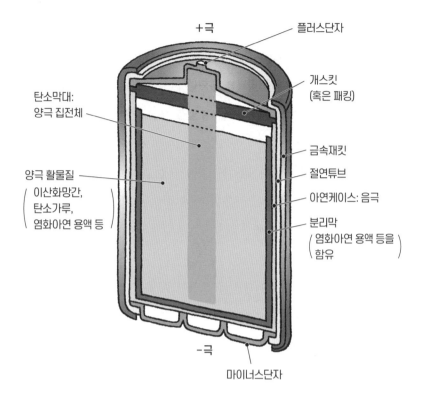

+극

플러스단자

개스킷
(혹은 패킹)

탄소막대:
양극 집전체

금속재킷

절연튜브

양극 활물질
(이산화망간,
  탄소가루,
  염화아연 용액 등)

아연케이스: 음극

분리막
(염화아연 용액 등을)
(함유)

-극

마이너스단자

음극 및 음극 활물질로 아연, 양극 활물질로 이산화망간, 전해질로 염화아연
용액을 사용한다. 양극 활물질에 탄소가루가 섞여 있는 이유는, 이산화망간
의 낮은 전도성을 보완하기 위해서다.

그림 2-1 **망간건전지의 구조**

망간건전지는 음극 및 음극 활물질로 아연을, 양극 활물질로 이산화망간을
사용한다. 또한 전해질은 염화암모늄 용액이거나, 염화아연 용액과 염화암모
늄 용액을 둘 다 사용하기도 한다.

망간건전지의 가장 바깥쪽을 싸고 있는 금속제 외장통(금속재킷)을 뜯어내
면 절연체가 돌돌 감겨 있으며, 그 안에 원통형 아연케이스가 들어 있다. 이

아연케이스가 음극이다.

아연케이스 안에는 분리막이 들어 있는데, 이 분리막에는 전해질이 스며들어 있다. 전해질은 염화아연 용액을 풀처럼 만든 것이다. 분리막 안쪽에는 이산화망간, 탄소가루, 염화아연 용액(전해질) 등을 섞어서 반죽한 양극 활물질이 채워져 있고 중심에는 탄소막대가 들어 있다(그림 2-1).

탄소막대는 전극에 해당하지만, 전지반응에는 관여하지 않으며 양극 활물질과 밀착하여 전자가 지나가는 길이 되어줄 뿐이다. 이러한 전극을 집전체라고 한다. 집전체는 전도성이 좋고 전지반응에 관여하지 않으며 부식하지 않는 물질이라면, 꼭 탄소가 아니어도 상관없다.

건전지 바깥쪽의 양극 쪽에는 단추 모양의 돌기가 나 있는데, 이 부분이 플러스단자다. 그 내부의 바로 아랫부분에 집전체인 탄소막대가 붙어 있다.

이처럼 전해질로 염화아연 용액을 사용하는 망간건전지의 전지식은 다음과 같이 쓸 수 있다.

《전지식》 $(-)Zn|ZnCl_2|MnO_2 \cdot C(+)$

양극 쪽에 적혀 있는 'C'는 탄소가 집전체로 쓰였다는 뜻이며, 이렇게 집전체의 화학식을 활물질 옆에 붙일 때도 있다.

✚ 음극에서 일어나는 화학반응

망간건전지의 음극에서는 아연의 산화반응이 일어난다. 아연케이스에서 아연이 녹아나와 아연이온이 되고 전자가 아연케이스에 남는다(그림 2-2).

전해질로 염화아연 용액을 사용할 때, 음극에서는 다음 세 단계에 걸쳐 화학반응이 일어난다.

《음극》 $Zn \rightarrow Zn^{2+} + 2e^-$

$Zn^{2+} + 2H_2O \rightarrow Zn(OH)_2 + 2H^+$

$4Zn(OH)_2 + ZnCl_2 \rightarrow ZnCl_2 \cdot 4Zn(OH)_2$

이것을 하나로 정리하면 다음과 같이 된다.

《음극》 $4Zn + ZnCl_2 + 8H_2O \rightarrow ZnCl_2 \cdot 4Zn(OH)_2 + 8H^+ + 8e^-$

생성물인 $ZnCl_2 \cdot 4Zn(OH)_2$(염기성 염화아연)는 침전하므로 아연이 용액에 녹는 일을 방해하지 않는다. 만약 아연이온인 채로 용액 내에 남아 있었다면 이온 농도가 점점 짙어져서 전극에서 아연이 녹기 힘들었을 것이다.

✚ 양극에서 일어나는 화학반응

한편 양극에서는 이산화망간이 전자를 얻어서 환원반응이 일어난다. 양극에서 일어나는 화학반응은 다음과 같다.

《양극》 $MnO_2 + H^+ + e^- \rightarrow MnOOH$

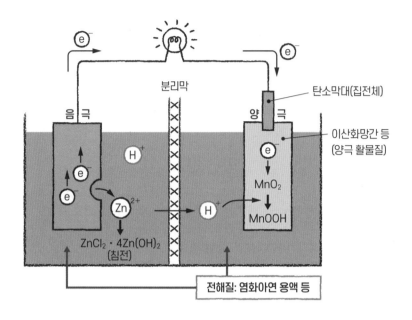

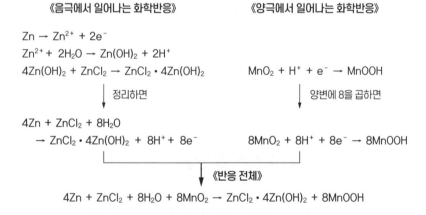

《음극에서 일어나는 화학반응》   《양극에서 일어나는 화학반응》

$Zn \rightarrow Zn^{2+} + 2e^-$

$Zn^{2+} + 2H_2O \rightarrow Zn(OH)_2 + 2H^+$

$4Zn(OH)_2 + ZnCl_2 \rightarrow ZnCl_2 \cdot 4Zn(OH)_2$ $MnO_2 + H^+ + e^- \rightarrow MnOOH$

↓ 정리하면   ↓ 양변에 8을 곱하면

$4Zn + ZnCl_2 + 8H_2O$

$\rightarrow ZnCl_2 \cdot 4Zn(OH)_2 + 8H^+ + 8e^-$ $8MnO_2 + 8H^+ + 8e^- \rightarrow 8MnOOH$

《반응 전체》

$4Zn + ZnCl_2 + 8H_2O + 8MnO_2 \rightarrow ZnCl_2 \cdot 4Zn(OH)_2 + 8MnOOH$

그림 2-2 **망간건전지의 전지반응**

여기서 중요한 점은 수소이온이 이산화망간과 결합해서 수산화산화망간(옥시수산화망간, MnOOH)이 된다는 점이다. 수소기체가 발생하지 않으므로 분극〈⇒p51〉이 일어나지 않는다.

이처럼 수소이온을 흡수해서 분극을 방지하는 물질을 감극제라고 한다. 양극 활물질인 이산화망간은 감극제 역할도 하는 셈이다.

양극 반응식의 양변에 8을 곱해서 음극 반응식에 나오는 수소이온 및 전자와 계수를 맞추면 다음과 같이 된다.

《양극》 $8MnO_2 + 8H^+ + 8e^- \longrightarrow 8MnOOH$

따라서 음극과 양극을 합친 망간건전지의 화학반응식은 아래처럼 쓸 수 있다.

《반응 전체》 $4Zn + ZnCl_2 + 8H_2O + 8MnO_2$
$$\longrightarrow ZnCl_2 \cdot 4Zn(OH)_2 + 8MnOOH$$

2
알칼리망간건전지의 '알칼리'란 뭘까

초고성능을 자랑하며 널리 사용되던 망간건전지인 '검은 망간'〈⇨p127〉은 최근에는 편의점에서 찾아보기 힘들어졌다. 현재 많이 사용되는 건전지는 검은 망간보다 더 성능이 좋은 알칼리망간건전지(알칼리전지)다.

알칼리망간건전지는 이름처럼 망간전지와 비슷한 점이 많다. 예를 들어 음극 활물질이 아연이고 양극 활물질이 이산화망간이라는 점은 망간건전지와 똑같다. 공칭전압(기전력)도 둘 다 1.5V다.

그러나 음극과 양극의 구조는 망간전지와 정반대다. 알칼리망간건전지에서는 철 등의 금속케이스가 양극의 집전체에 해당하며, 그 안에는 양극 활물질인 이산화망간과 탄소가루의 혼합물을 펠릿 상태로 만든 것이 들어 있다.

음극 활물질로는 수소 발생을 막는 감극제와 아연가루를 섞어서 젤 상태로 만든 것을 사용한다. 전해질이 스며들어 있는 분리막 안쪽에 이 음극 활물질이 채워져 있다. 또한, 중심에는 음극의 집전체인 황동막대가 들어 있다. 물론 황동

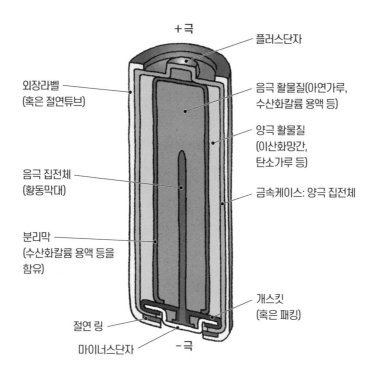

+극

플러스단자

외장라벨
(혹은 절연튜브)

음극 활물질(아연가루,
수산화칼륨 용액 등)

양극 활물질
(이산화망간,
탄소가루 등)

음극 집전체
(황동막대)

금속케이스: 양극 집전체

분리막
(수산화칼륨 용액 등을
함유)

개스킷
(혹은 패킹)

절연 링

마이너스단자

-극

그림 2-3 **알칼리망간건전지의 구조**

막대는 음극이므로 전지의 플러스단자와는 이어져 있지 않다(그림 2-3).

이처럼 알칼리망간건전지는 망간건전지의 안팎을 뒤집은 구조를 하고
있다.

✚ 알칼리망간건전지에는 금속재킷이 없다

알칼리망간건전지와 망간건전지의 구조를 잘 살펴보면 차이점을 더 찾을

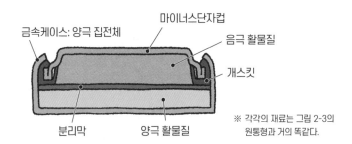

금속케이스: 양극 집전체 마이너스단자컵 음극 활물질 개스킷 분리막 양극 활물질

※ 각각의 재료는 그림 2-3의 원통형과 거의 똑같다.

그림 2-4 **단추형 알칼리망간건전지의 구조**

수 있다. 망간건전지에서는 아연케이스가 금속재킷에 싸여 있지만, 알칼리망간건전지에서는 금속케이스에 절연 처리가 되어 있고 그 위에 라벨필름이 붙어 있을 뿐이다.

망간건전지에 금속재킷이 있는 이유는 아연케이스가 전지반응으로 인해 변형하거나 전해액이 누출될 우려가 있기 때문이다. 하지만 알칼리망간건전지에서는 단단한 철 등의 금속용기를 양극으로 쓰고 있기 때문에, 굳이 금속재킷을 사용할 필요가 없다. 지금까지의 설명은 원통형 알칼리망간건전지의 구조에 관한 것인데, 알칼리망간건전지는 단추형 전지도 많이 판매되고 있다. 그림 2-4에 단추형 전지의 구조를 실었다.

✚ 알칼리망간건전지가 망간건전지보다 성능이 좋은 이유

알칼리망간건전지와 망간건전지의 가장 큰 차이점은 전해질이다. 그리고 이 것이 바로 알칼리망간건전지의 성능이 더 좋은 이유다.

망간건전지의 전해질은 염화아연 용액 또는 염화암모늄 용액인데, 염화아연 용액은 pH4 전후인 산성 수용액이며 염화암모늄 용액은 중성이거나 약산성 수용액이다.

한편 알칼리망간건전지는 수산화칼륨이나 수산화나트륨 같은 강한 염기성(알칼리성) 용액을 전해질로 사용한다. 그래서 '알칼리'망간건전지라고 불린다.

그리고 이제부터가 중요한 내용인데, 알칼리망간건전지에서는 수산화칼륨(또는 수산화나트륨)이 이온화해서 생기는 수산화이온(OH^-)의 이동속도가 수소이온(H^+)보다 빨라서 화학반응이 빠르게 진행된다. 그래서 더 강한 전류를 꺼낼 수 있다.

또한 알칼리망간건전지의 음극 활물질에는 아연가루가 포함되어 있어서 아연케이스가 음극인 망간건전지보다 화학반응이 일어나는 표면적이 넓다. 게다가 아연 자체의 양도 더 많아 강한 전류가 오랫동안 흐를 수 있다.

✚ 알칼리망간건전지의 전지반응

음극에서는 아연의 산화반응이 일어난다. 아연은 강한 염기성 전해질에 녹아서 수산화아연이온($[Zn(OH)_4]^{2-}$)이 되며, 전자는 집전체에 모인다(그림 2-5). 화학반응을 진행 순으로 3단계로 나타내면 다음과 같다.

《음극》 $Zn + 4OH^- \rightarrow [Zn(OH)_4]^{2-} + 2e^-$

$[Zn(OH)_4]^{2-} \rightarrow Zn(OH)_2 + 2OH^-$

$Zn(OH)_2 \rightarrow ZnO + H_2O$

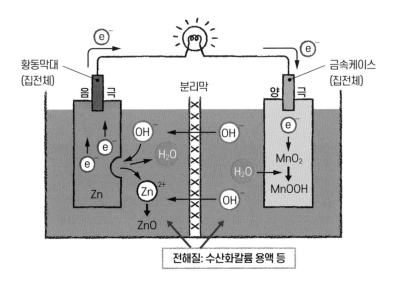

《음극에서 일어나는 화학반응》   《양극에서 일어나는 화학반응》

$Zn + 4OH^- \rightarrow [Zn(OH)_4]^{2-} + 2e^-$

$[Zn(OH)_4]^{2-} \rightarrow Zn(OH)_2 + 2OH^-$

$Zn(OH)_2 \rightarrow ZnO + H_2O$ $MnO_2 + H_2O + e^- \rightarrow MnOOH + OH^-$

↓ 정리하면   ↓ 양변에 2를 곱하면

$Zn + 2OH^- \rightarrow ZnO + H_2O + 2e^-$ $2MnO_2 + 2H_2O + 2e^- \rightarrow 2MnOOH + 2OH^-$

《반응 전체》

$Zn + 2MnO_2 + H_2O \rightarrow ZnO + 2MnOOH$

그림 2-5 **알칼리망간건전지의 전지반응**

이것을 하나로 정리하면 다음과 같다.

《음극》 $Zn + 2OH^- \rightarrow ZnO + H_2O + 2e^-$

한편으로 양극에서는 이산화망간과 물과 전자가 반응하여 수산화산화망간과 수산화이온이 만들어진다.

《양극》 $MnO_2 + H_2O + e^- \rightarrow MnOOH + OH^-$

따라서 음극과 양극을 합친 알칼리망간건전지의 화학반응식은, 전자와 수산화이온을 소거하기 위해 양극 반응식의 양변에 2를 곱하여 다음과 같이 나타낼 수 있다.

《반응 전체》 $Zn + 2MnO_2 + H_2O \rightarrow ZnO + 2MnOOH$

또한, 양극 반응은 다음과 같이 나타낼 수도 있다.

《양극》 $MnO_2 + 2H_2O + 2e^- \rightarrow Mn(OH)_2 + 2OH^-$

그러면 전체 반응은 다음과 같이 된다.

《반응 전체》 $Zn + MnO_2 + H_2O \rightarrow ZnO + Mn(OH)_2$

전지의 성능
—
기전력의 크기

망간건전지보다 알칼리망간건전지의 성능이 더 좋고 가격도 비싸다. 그런데 전지의 '성능'이란 구체적으로 어떤 능력을 가리키는 말일까?

1차전지든 2차전지든 상관없이 화학전지의 성능은 주로 ①기전력(전압), ②출력(전력), ③얼마나 오래 가느냐(전기용량), ④에너지밀도(단위질량 또는 단위부피당 전력량)를 기준으로 판단한다. 2차전지라면 여기에 더해 충전속도, 충전횟수 등도 '성능'의 기준이 된다. 또한 안전성과 내구성 등도 성능으로 볼 수 있을 것이다. 여기서는 ①~④를 설명한다.

✚ 기전력의 단위는 볼트

건전지에는 D, C, AA, AAA라는 네 가지 규격이 있으며(N, AAAA가 있는 나라

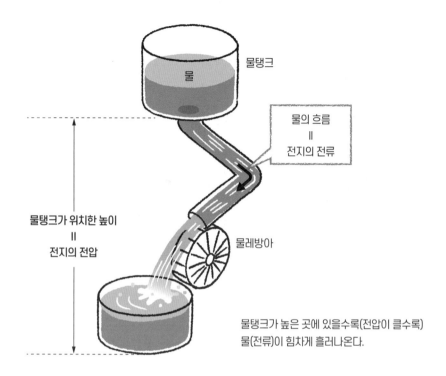

물탱크

물

물의 흐름
=
전지의 전류

물탱크가 위치한 높이
=
전지의 전압

물레방아

물탱크가 높은 곳에 있을수록(전압이 클수록)
물(전류)이 힘차게 흘러나온다.

그림 2-6 **전지의 물탱크 모델① 전압이란?**

도 있다), 각각 크기가 다르다⟨⇒p24⟩. 그렇다면 크기가 다른데 왜 전압은 모두
1.5V로 똑같을까? 전지가 크면 활물질이 많이 들어 있고 전극의 표면적도 넓
으니 화학반응이 많이 일어나지 않을까? 그러면 전압도 당연히 더 높아야 하
지 않을까?

전압은 전류를 흐르게 만드는 힘의 크기다. 그림 2-6은 전지에서 나오는 전
류를 물탱크에서 흘러나오는 물의 흐름에 비유한 모델인데, 전압은 이 그림에서
물탱크가 위치한 높이에 해당한다. 물탱크가 높은 곳에 있을수록(전압이 클수록)
물(전류)이 힘차게 흘러나오지만, 물탱크의 용량(활물질의 양)과는 상관이 없다.

표 2-1 주요 2차전지의 공칭전압

2차전지	공칭전압(V)	이 책의 페이지
납축전지	2.1	106쪽
니켈-카드뮴전지	1.2	133쪽
니켈-수소전지	1.2	143쪽
나트륨-황전지(NAS전지)	2.1	152쪽
산화환원 흐름 전지	1.15~1.55	158쪽
리튬이온전지※	3.7	230쪽
리튬폴리머 2차전지	3.7	258쪽

※ 리튬코발트산화물을 사용한 전지

그리고 물탱크가 위치한 높이(전압)는 전지반응의 종류에 따라 결정된다. 전지의 전력은 음극과 양극에서 일어나는 산화환원 반응 때문에 생긴 전극 전위의 차이기 때문이다.

따라서 같은 종류의 건전지(예를 들어 망간건전지)라면 AA형이든 AAA형이든 모두 전압은 1.5V로 똑같다.

물론 같은 종류의 전지라도 제조사에 따라 구조와 재료에 차이가 있으므로 기전력이 약간 다를 수는 있다. 표 2-1에 주요 2차전지의 공칭전압을 정리했다. 공칭전압이란 일반적인 상태에서 전지를 사용했을 때 단자 사이에서 측정한 전압을 말한다.

전지의 성능

출력의 크기

출력이란 전지가 낼 수 있는 순간적인 힘이다. 전압과는 다른 것으로, 전자 기학에서 말하는 전력에 해당한다.

예를 들어 꼬마전구의 불을 켠다거나 모터를 돌리는 일은 각 기기에 흐르는 전류의 작용이다. 그리고 회로에 전류가 얼마나 세게 흐를 수 있는지를 나타낸 것이 출력이다. 앞에서 소개한 물탱크 모델을 이용해 설명하면, 물이 얼마나 세게 흐르냐(시간당 파이프를 지나는 물의 양으로, 전기에서는 전압과 전류의 곱을 의미한다)가 출력에 해당한다(그림 2-7).

출력이 작은 전지로는 꼬마전구의 불을 켜고 리모컨 스위치를 작동시킬 수는 있어도, 스마트폰이나 PC를 작동시킬 수는 없다.

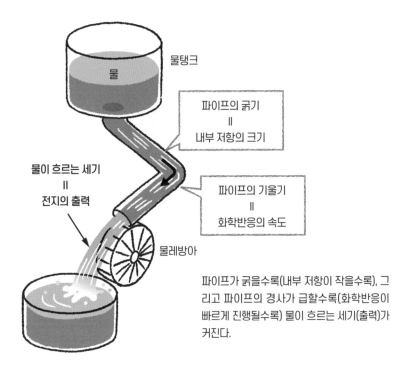

물탱크

물

파이프의 굵기
=
내부 저항의 크기

물이 흐르는 세기
=
전지의 출력

파이프의 기울기
=
화학반응의 속도

물레방아

파이프가 굵을수록(내부 저항이 작을수록), 그리고 파이프의 경사가 급할수록(화학반응이 빠르게 진행될수록) 물이 흐르는 세기(출력)가 커진다.

그림 2-7 **전지의 물탱크 모델② 출력이란?**

✚ 출력을 좌우하는 내부 저항

전력은 전류와 전압의 곱으로 구할 수 있다. 즉, [전력 = 전류 × 전압]이다. 단위는 와트(W)이며, 순간적인 값을 나타낸다.

전압의 크기가 똑같다면 전류가 클수록 출력도 커진다. 전지를 회로에 연결했을 때 흐르는 전류의 양은 옴의 법칙, 즉 [전류(A) = 전압(V) ÷ 전기저항(Ω)]을 통해 구할 수 있는데, 이 전기저항은 전지 내부의 저항과 외부 회로에 연결된 저항의 합이다. 따라서 똑같은 외부 저항을 사용하는 회로라도 전지의 내

표 2-2 **주요 2차전지의 출력밀도**

2차전지	출력밀도(질량비) W/kg	이 책의 페이지
납축전지	180~200	106쪽
니켈-카드뮴전지	150~200	133쪽
니켈-수소전지	250~1000	143쪽
나트륨-황전지(NAS전지)	100~200	152쪽
산화환원 흐름 전지	80~150	158쪽
리튬이온전지	250~400	220쪽
리튬폴리머 2차전지	130~170	258쪽

부 저항이 클수록 회로에 흐르는 전류가 작아진다. 즉, 전압이 똑같아도 내부 저항이 작은 전지일수록 출력이 크다는 뜻이다. 건전지에는 AA형과 AAA형 등 다양한 크기가 있지만, 기전력은 1.5V로 거의 똑같다. 그런데 실은 작은 전지일수록 내부 저항이 크므로 흐르는 전류가 작아서 출력도 작다.

그렇다면 어떻게 해야 내부 저항을 줄이고 출력을 올릴 수 있을까? 그림 2-7 경우에는 파이프를 굵게 만들거나 파이프의 기울기를 급하게 만들어서 물이 흐르는 속도를 올리는 방법을 생각해볼 수 있다. 전지 내부에서는 화학반응이 일어나 이온이 이동하면서 전하를 운반하므로, 화학반응이 빠를수록 출력이 오를 것이다.

알칼리건전지는 음극 활물질에 아연이 가루 형태로 들어 있기 때문에 망간건전지보다 화학반응이 일어나는 표면적이 넓다(=파이프가 굵다)는 장점이 있다. 또한, 전해질로 수산화칼륨 용액을 사용하므로 망간건전지보다 화학반응이 빠르게 진행되어서(=물이 빠르게 흘러서) 전류가 많이 흘러 출력이 높아진다(⇒p85).

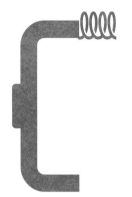

5

전지의 성능
—
얼마나 오래
쓸 수 있을까

전지를 얼마나 오래 쓸 수 있느냐는, 처음 사용해서 완전히 쓸 수 없게 될 때까지 꺼낼 수 있는 전기의 양에 달려 있다. 전지에서 꺼낼 수 있는 전기의 양은 기본적으로 활물질이 얼마나 들어 있느냐에 좌우되는데, 이것은 물탱크 모델에서 탱크에 들어 있는 물의 양에 해당한다(그림 2-8). 이것을 전기용량이라고 한다.

전기용량(전기량)의 단위는 원래 쿨롱(C)이다. 하지만 전지에서는 주로 암페어시(Ah)라는 단위를 사용한다. 전류의 단위인 암페어(A)는 단위 시간에 흐르는 전기량을 가리키며, 1초 동안 1C의 전기량이 흘렀을 때의 전류의 크기가 1A다. 1A의 전류가 1시간 동안 흘렀을 때의 전기량이 1Ah고, 1시간이 3,600초이므로 [1Ah = 3,600C]이 된다.

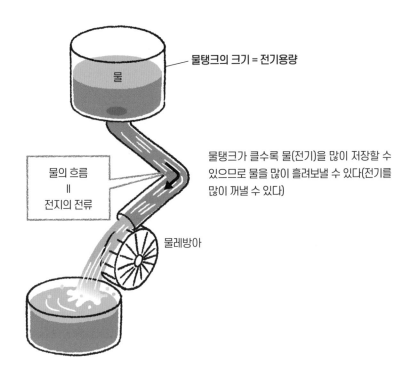

물탱크의 크기 = 전기용량

물

물탱크가 클수록 물(전기)을 많이 저장할 수
있으므로 물을 많이 흘려보낼 수 있다(전기를
많이 꺼낼 수 있다)

물의 흐름
=
전지의 전류

물레방아

그림 2-8 **전지의 물탱크 모델③ 전기용량이란?**

➕ 비용량은 단위질량당 전기용량

건전지는 AAA형보다 AA형이, AA형보다 D형이 크기가 더 큰 만큼 활물질
의 양도 많아서 용량이 크다.

예를 들어 망간건전지가 100mA의 전류를 연속으로 방전하면 D형은 약
60시간 버티고 AA형은 약 6.8시간 버틴다. 즉 D형은 AA형의 약 8.8배 더 오
래 쓸 수 있다는 뜻이다.

이처럼 전지의 크기가 클수록 전기용량도 커지므로, 서로 다른 종류의 전

표 2-3 **주요 2차전지의 대략적인 실용 비용량**

2차전지	비용량(Ah/kg)	이 책의 페이지
납축전지	15~20	106쪽
니켈-카드뮴전지	35~50	133쪽
니켈-수소전지	50~100	143쪽
나트륨-황전지(NAS전지)	20~85	152쪽
산화환원 흐름 전지	8~20	158쪽
리튬이온전지	30~70	220쪽
리튬폴리머 2차전지	35~80	258쪽

지를 비교할 때는 똑같은 크기가 아니라면 정확하게 비교할 수 없다. 그래서 전기용량(Ah)을 전지의 질량으로 나눠서 단위질량당 전기용량을 비교하는 방법을 생각해볼 수 있다. 이것을 비용량(혹은 중량당 용량밀도)이라고 하며, 단위는 [Ah/kg]이나 [mAh/g]이다. 다만 mA는 A의 1,000분의 1이므로, 단위가 [Ah/kg]이든 [mAh/g]이든 수치는 변하지 않는다.

비용량에는 양극과 음극의 활물질만을 계산한 이론 비용량과 전지의 무게로 계산한 실용 비용량이 있다. 둘은 분자인 전기용량은 똑같은데 분모인 무게가 다르다. 실용 비용량은 이론값의 수분의 1밖에 안 되는데, 이것은 전지의 외장까지 포함한 모든 무게를 분모로 삼아서 계산하기 때문이다. 표 2-3에 주요 2차전지의 실용 비용량을 정리했다.

또한 꺼낼 수 있는 전기량은 전류의 크기에 따라 상당히 다르다. 다시 말해 전지를 사용하는 기기에 따라 다르므로, 일반적으로 건전지에는 전기용량이 적혀 있지 않다.

6

전지의 성능
—

에너지의 크기

사실 전지의 성능을 나타내는 여러 기준 중에서 본질적으로 가장 중요한 것은 출력⟨⇒p91⟩과 에너지다. 전지가 얼마나 세게 전류를 내보낼 수 있느냐, 즉 얼마나 큰 힘을 낼 수 있는지를 나타낸 것이 출력이고, 그 힘으로 얼마만큼의 일을 할 수 있느냐가 에너지의 크기다.

에너지란 일반적으로 '일을 하는 능력'을 뜻한다. 물탱크 모델에서는 '물레방아를 돌리는 일을 얼마나 할 수 있느냐'에 해당한다(그림 2-9).

에너지의 단위는 일과 같은 줄(J)이지만, 전기학에서는 와트초(Ws)나 와트시(Wh)를 사용한다. 1W의 전력으로 전류를 1초 동안 흘렸을 때의 전력량이 1J(=Ws: 와트초)이며, 1시간 흘렸을 때의 전력량은 [1(Wh) = 3,600(J)]이다.

전지의 에너지를 구하는 공식은 앞에서 소개한 지표를 사용하여 두 가지 방법으로 나타낼 수 있다.

첫 번째는 [에너지 = 출력 × 시간]이다. 단위가 맞는지 확인해보자. 출력(=

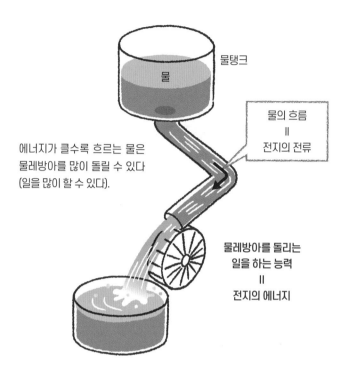

에너지가 클수록 흐르는 물은
물레방아를 많이 돌릴 수 있다
(일을 많이 할 수 있다).

물탱크

물

물의 흐름
||
전지의 전류

물레방아를 돌리는
일을 하는 능력
||
전지의 에너지

그림 2-9 **전지의 물탱크 모델④ 에너지란?**

전력)은 W, 시간은 h(시간)이므로 [출력 × 시간]의 단위는 위에서 소개한 것처럼 에너지의 단위인 Wh가 된다.

　그리고 두 번째는 [에너지 = 전기용량 × 전압]이다. 전압은 공칭전압을 사용한다. 이것도 단위가 맞는지 확인해보면, 전기용량은 Ah(암페어시)고 전압은 V(볼트)이므로 [전기용량 × 전압]의 단위도 [Ah × V = Wh]가 된다.

✚ 중량당 에너지밀도와 부피당 에너지밀도

에너지의 크기도 전지의 크기가 큰 쪽이 유리하다. 따라서 서로 다른 전지의 전기용량을 비교할 때 비용량을 사용한 것처럼, 에너지를 비교할 때도 에너지밀도를 사용한다. 에너지밀도로는 에너지를 질량으로 나눈 중량당 에너지밀도와 부피로 나눈 부피당 에너지밀도라는 두 가지 기준이 모두 쓰인다.

중량당 에너지밀도(Wh/kg) = 에너지(Wh) ÷ 질량(kg)

부피당 에너지밀도(Wh/L) = 에너지(Wh) ÷ 부피(L)

또한, 활물질만을 계산 대상으로 삼는 이론 에너지밀도와 외장까지 포함한 전지 전체로 계산하는 실용 에너지밀도가 있다. 실용 에너지밀도는 이론 에너지밀도보다 훨씬 작다.

표 2-4에 주요 2차전지의 실용 에너지밀도를 실었다.

표 2-4 **주요 2차전지의 대략적인 실용 에너지밀도**

2차전지	중량당 에너지밀도(Wh/kg)	부피당 에너지밀도(Wh/L)	이 책의 페이지
납축전지	30~40	60~90	106쪽
니켈-카드뮴전지	40~60	50~180	133쪽
니켈-수소전지	50~120	140~400	143쪽
나트륨-황전지(NAS전지)	100~170	140~160	152쪽
산화환원 흐름 전지	10~20	10~25	158쪽
리튬이온전지	100~250	200~700	220쪽
리튬폴리머 2차전지	100~265	250~750	258쪽

⑦

1차전지는 왜 충전할 수 없을까

화학전지에 필요한 최소한의 요소는 양극과 음극의 활물질과 전해질이며, 이것은 1차전지든 2차전지든 마찬가지다. 그리고 양극과 음극에서 일어나는 산화환원 반응을 이용하여 방전한다(전기를 꺼낸다)는 점도 같다. 하지만 1차전지는 방전만 할 수 있는 반면, 2차전지는 방전과 충전을 반복할 수 있다는 큰 차이가 있다.

✚ 방전할 때와 충전할 때는 산화환원 반응이 반대로 일어난다

충전이란 방전할 때와 반대 방향의 전류를 회로에 강제로 흐르게 만들어서, 전지에 전기에너지를 저장하는 일이다. 구체적으로는 외부 전원의 플러스단자

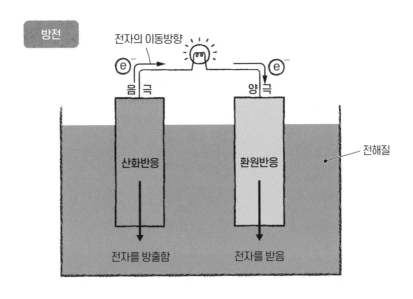

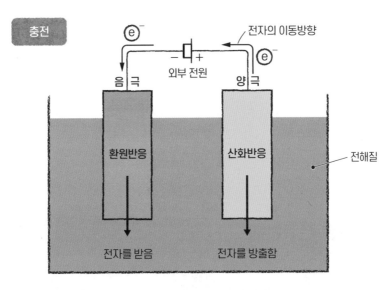

방전할 때와 충전할 때는 전극에서 일어나는 산화환원 반응이 정반대다.

그림 2-10 **방전·충전과 산화환원 반응**

를 전지의 양극에, 마이너스단자를 전지의 음극에 연결한다. 그러면 방전할 때와는 반대로 전지의 음극에서 환원반응이, 양극에서 산화반응이 일어난다(그림 2-10). 이렇게 전지를 방전하기 전과 똑같은 상태로 되돌리는 것이 충전이다. 그리고 충전으로 인해 생긴 양극과 음극의 전위차를 해소하는 현상이 방전이다.

다니엘전지를 예로 들어 살펴보자. 방전할 때는 음극의 아연이 산화아연 용액에 녹아서 아연이온이 되며, 아연판에 남겨진 전자가 회로를 이동하여 양극으로 간다. 양극에서는 황산구리 용액의 구리이온이 전자와 결합하여 구리가 석출된다(⇒ p53).

이제 위에서 설명한 것처럼 외부 전원의 마이너스단자를 전지의 음극에, 플러스단자를 양극에 연결해보자. 이렇게 하면 음극으로 흘러들어온 전자와 용액의 아연이온이 결합하여 음극에서 아연이 석출된다. 그리고 양극에서는 구리가 녹아 구리이온이 되는 반응이 진행된다. 즉 방전할 때의 역반응이 진행되어 전지가 방전하기 전의 상태로 돌아가므로, 충전이 일어났다고 할 수 있다.

하지만 큰 문제가 하나 있다. 실은 다니엘전지는 2차전지가 아니라, 충전할 수 없는 1차전지로 분류된다는 점이다.

✛ 충전은 전기분해

충전은 외부 전원을 이용해 용액에 삽입한 전극에 전압을 걸어주는 일이므로, 중학교 과학수업에서 배운 '물의 전기분해'와 같은 전기분해다.

다니엘전지의 음극 전해액인 황산아연 용액을 전기분해하면 음극인 아연판에서 아연이 석출되는데, 이때 물이 이온화해서 생긴 수소이온이 아연판 위에서 전자와 결합하여 수소기체가 된다. 수소보다 아연의 이온화경향이 더 크므로, 아연이 석출되는 것보다 수소기체가 발생하는 일이 훨씬 더 잘 일어난다. 이렇게 밀폐된 전지 안에서 수소기체가 발생하면 전지가 팽창하여 파손되거나 전해액이 새어나올 수도 있다. 전지가 파열하는 일도 적지 않다.

또한, 다니엘전지의 전극인 아연판과 구리판은 전극 물질이면서, 반응에 참여하는 전극 활물질이다. 이렇게 전극 물질과 전극 활물질이 같은 경우에는 방전하면 전극의 모양이 바뀐다. 그리고 이런 경우 충전을 해도 전극이 다시 원래 형태로 돌아오지 않으며, 오히려 방전을 방해하거나 전지 내부에서 단락(합선)이 일어날 위험도 있다.

이상이 다니엘전지를 충전하면 일어날 가능성이 높은 문제들이다. 따라서 다니엘전지가 1차전지냐 2차전지냐를 평가해본다면, '어느 정도 충전할 수는 있지만, 2차전지라고 부를 수는 없다'라고 할 수 있다.

실제로 2차전지라고 불리는 전지를 살펴보면 발생한 기체를 밖으로 내보내는 장치가 달려 있거나, 전극에 달라붙은 물질이 정상적인 재방전을 방해하지 않도록 설계되어 있다.

✚ 건전지를 충전하면 어떻게 될까

망간건전지(⇒p76)도 충전하면 다니엘전지와 비슷한 일이 일어난다. 물이 이온화해서 생긴 수소이온에 의해 음극에서 수소기체가 발생하며, 전해액인 염화아연 용액도 전기분해되어 양극에서 유독한 염소기체가 발생한다(그림 2-11).

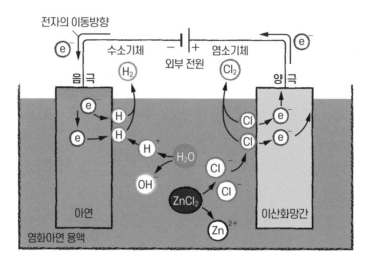

음극에서 수소기체가, 양극에서 염소기체가 발생한다.

그림 2-11 **망간건전지를 충전하면 발생하는 기체**

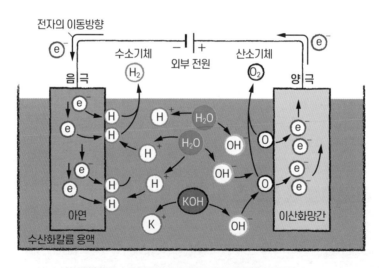

음극에서 수소기체가, 양극에서 산소기체가 발생한다.

그림 2-12 **알칼리망간건전지를 충전하면 발생하는 기체**

또한 알칼리망간건전지〈⇒p82〉는 충전하면 전해질인 수산화칼륨 용액이 전기분해되지만, 칼륨은 이온화경향이 커서 석출하지 않는다. 그래서 결국은 물이 전기분해되어 음극에서 수소기체, 양극에서 산소기체가 발생한다(그림 2-12). 수소기체와 산소기체가 섞이면 대폭발이 일어날 수 있다.

어느 쪽이든 건전지를 충전하면 기체가 발생하여 파손되거나 파열될 위험이 있다. 게다가 수산화칼륨은 피부에 묻으면 화상을 일으키는 물질이어서, 전해액이 새어나오는 것만으로도 충분히 위험하니 1차전지는 절대 충전해서는 안 된다.

각 전지제조사에서도 건전지 같은 1차전지에는 "구조적으로 충전할 수 있도록 만든 제품이 아니며, 충전하면 전해액이 새어나오는 등의 사고가 일어날 가능성이 있으니 절대로 충전하지 마시오"라는 경고문이 쓰여 있다.

8

전통의 자동차배터리, 납축전지

세계 최초의 2차전지인 납축전지(연축전지)⟨⇒p33⟩는 1859년에 발명된 후 현재까지 160년 이상 자동차용 배터리로 쓰였다. 물론 형태와 구조는 계속 진화했지만, 원리 자체는 변하지 않았다. 일반적인 자동차용 납축전지의 구조를 그림 2-13에 실었다.

자동차 분야에서는 셀(단전지)을 여러 개 조합한 것을 배터리(전지)라고도 한다. 납축전지 셀 1개의 기전력은 약 2.1V이며, 일반적인 자동차용 배터리에는 셀 6개가 직렬연결되어 있으므로 전체 기전력은 12~13V라는 큰 값이 된다.

참고로 배터리의 어원은 '조합'이며, 야구에서 투수와 포수를 묶어서 '배터리'라고 부르는 것도 같은 이유다.

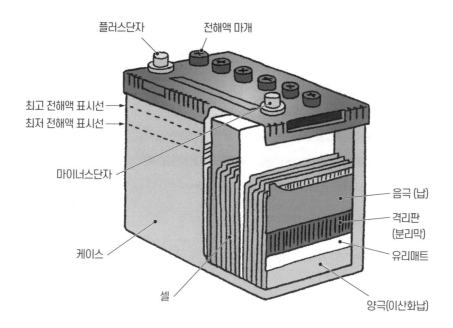

플러스단자

전해액 마개

최고 전해액 표시선

최저 전해액 표시선

마이너스단자

케이스

셀

음극 (납)

격리판
(분리막)

유리매트

양극(이산화납)

그림 2-13 **납축전지의 구조**

✚ 납축전지의 장점

납축전지가 오랫동안 쓰인 이유는 여러 장점이 있기 때문이다. 가장 큰 장점은 전극과 활물질 등에 쓰이는 납의 가격이 싸다는 점이다. 그림 2-14는 2020년 7월의 주요 비철금속의 가격인데, 납은 아연보다 저렴하며 2차전지에 많이 쓰이는 니켈의 7분의 1 정도 가격밖에 하지 않는다.

그 밖에도 납축전지에는 다음과 같은 장점도 있다.

- 짧은 시간 동안 강한 전류를 방전할 수 있다(엔진 시동을 걸 때 필요하다).
- 유지보수가 쉽다.

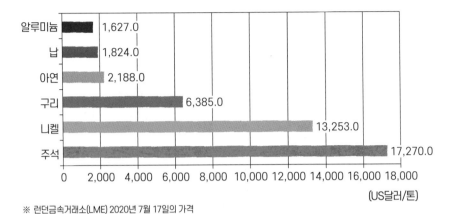

※ 런던금속거래소(LME) 2020년 7월 17일의 가격

그림 2-14 **비철금속의 가격**

- 충격에 강하고 파열과 화재 등의 위험성이 낮다.
- 다양한 온도와 습도에서 안정적인 성능을 발휘한다.
- 기억효과(메모리효과)가 없다.

마지막에 적은 기억효과는 전지의 용량이 아직 남아 있는데도 충전하는 일을 반복하면, 아무리 충전해도 방전 중에 전압이 감소하고 마는 현상이다〈⇒p193〉. 이런 현상은 니켈-카드뮴전지〈⇒p133〉와 니켈-수소전지〈⇒p143〉 등에서 볼 수 있다.

위와 같은 장점이 있는 납축전지는 자동차용 배터리뿐만 아니라 골프카트나 지게차의 구동용 전원, 그리고 정전과 재해가 일어났을 때의 비상용 전원 등으로도 널리 쓰이고 있다.

➕ 극판의 구조

납축전지는 대부분 네모난 상자 같은 모양이며, 내부 구조도 거의 비슷하다. 다만 화학전지에서 매우 중요한 극판(전극판)에는 몇 가지 종류가 있어서, 전지의 용도에 따라 적절한 것을 사용한다.

자동차용 전지에서는 페이스트식 극판이 가장 많이 쓰인다. 납(혹은 납합금)으로 격자 모양의 뼈대를 만든 다음, 납가루가 주성분인 활물질을 페이스트 상태로 만들어서 뼈대에 바른다. 격자는 집전체 역할을 하며, 활물질은 스펀지처럼 구멍이 송송 난 형태이므로 이온이 빠르게 이동할 수 있다. 페이스트식 극판은 양극과 음극에 모두 사용된다(그림 2-15).

클래드식 극판은 양극에서만 쓴다. 클래드clad란 '옷을 입는다'는 뜻으로, 튜브 모양으로 유리섬유를 소결(열 때문에 녹은 가루가 서로 밀착하여 굳어짐 - 옮긴이)시킨 다음 안에 납가루를 채워서 쌓아올린다(그림 2-15). 클래드식 극판은 진

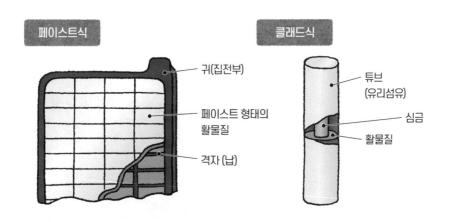

그림 2-15 **페이스트식과 클래드식 극판**

동과 충격에 강하고 활물질이 전해액에 잘 녹지 않아, 지게차의 전원이나 비상용 전원으로 쓰이는 납축전지의 양극판으로 많이 사용된다.

그 밖에도 양극용으로 쓰는 튜더식 극판도 있는데, 납판에 가는 홈을 파서 표면적을 6~10배로 늘린 것이다. 예전에는 일본 내에서도 제조했지만, 현재는 생산되지 않아 해외 제품만 있다.

✚ 충전할 때 발생하는 기체에 대처하는 법

납축전지를 충전하면 수소기체와 산소기체가 발생할 수 있기에, 전지 내부가 밀폐되어 있으면 전해액이 새어나오거나 전지가 파열할 위험이 있다〈⇨p118〉. 따라서 납축전지에는 발생한 기체를 처리하는 대책이 마련되어 있는데, 그 방법은 크게 두 가지다.

첫 번째는 자동차용 배터리에 많이 쓰이는 벤트형이라 불리는 구조로, 그림 2-13의 전해액 마개에 적용되는 구조다. 벤트란 영어로 '통풍구'라는 뜻이다.

벤트형에서는 필터가 달린 통풍구를 통해 기체를 밖으로 내보낸다. 필터는 전해액인 황산이 새어나오지 않게 하고 전지 내의 수소기체에 불이 붙지 않도록 하기 위한 것이다. 단, 통풍구에서 수분이 증발하므로 정기적으로 물을 보충해줘야 한다.

좀 더 진화한 벤트형 중에는 산화촉매가 달린 촉매 마개라는 것도 있다(그림 2-16). 전해액 마개 대신 촉매 마개를 달아서, 발생한 산소기체는 그대로 내보내고 수소기체만 흡착한다. 그리고 방전할 때 공기 중의 산소를 이용하여 수

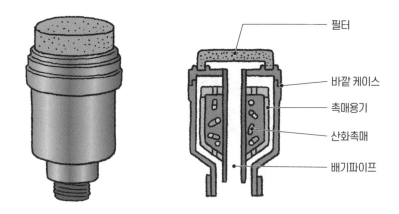

필터

바깥 케이스

촉매용기

산화촉매

배기파이프

촉매 마개로 수소기체를 흡착하며, 방전할 때 공기 중의 산소를 이용하여
수소를 산화하여 물로 만든다.

그림 2-16 **벤트형 촉매 마개의 구조**

소를 산화하여 물로 만든다.

　두 번째는 제어밸브형이 있다. 발생한 수소기체와 산소기체를 반응시켜서
물로 되돌리는 방식인데, 완전하지는 않으므로 만약 기체가 대량 발생해 내부
압력이 높아지면 밸브가 열려서 기체를 밖으로 내보낸다.

　그 밖에도 기체 자체가 발생하지 않도록 만든 완전 밀폐형 납축전지
도 있다.

납축전지의
전지반응

9

일반적인 납축전지의 음극과 음극 활물질은 납이고 양극과 양극 활물질은 이산화납이며 전해질은 묽은황산이다. 혹은 양극(집전체)이 납이고 양극 활물질로 이산화납을 사용하는 제품도 있다. 어느 쪽이든 방전할 때의 전지식은 다음과 같다.

《전지식》 $(-)Pb|H_2SO_4|PbO_2(+)$

전해질인 묽은황산은 다음과 같이 이온화한다.

$$H_2SO_4 \rightarrow 2H^+ + SO_4^{2-}$$

전해질이 묽은황산 하나뿐이라는 점은 볼타전지와 비슷하지만, 납축전지에는 격리판(분리막)이 있다. 격리판은 전해질을 담고 있고 이온을 통과시키며, 양극과 음극이 단락되는 일을 막아준다.

✚ 방전할 때의 전지반응

방전할 때는 음극인 납판에서 납이 녹아 2가 양이온인 납이온(Ⅱ)이 되며, 전자가 납판에 남는다. 즉, 납의 산화반응이 일어난다(그림 2-17).

《음극》 $Pb \rightarrow Pb^{2+} + 2e^-$

납이온(Ⅱ)은 전해질 내의 황산이온과 결합하여 황산납이 된다.

《음극》 $Pb^{2+} + SO_4^{2-} \rightarrow PbSO_4$

위 두 식을 합치면 음극의 화학반응은 다음과 같이 나타낼 수 있다.

《음극》 $Pb + SO_4^{2-} \rightarrow PbSO_4 + 2e^-$

황산납($PbSO_4$)은 고체가 되어 납판에서 석출되며, 전자가 방출된다. 그 전자가 회로를 이동하여 양극에 도달하면, 전자와 이산화납과 전해질 내의 수소이온 사이에서 다음과 같은 환원반응이 일어난다.

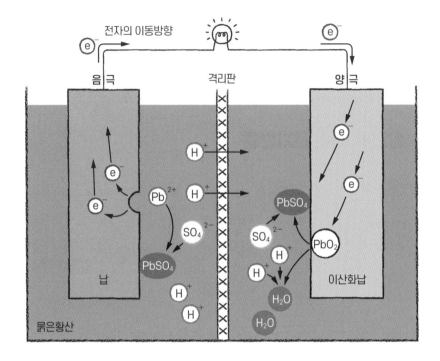

《음극에서 일어나는 화학반응》

$Pb + SO_4^{2-} \rightarrow PbSO_4 + 2e^-$ (납→ 황산납)

《양극에서 일어나는 화학반응》

$PbO_2 + 4H^+ + SO_4^{2-} + 2e^- \rightarrow PbSO_4 + 2H_2O$ (이산화납→ 황산납)

《반응 전체》

$PbO_2 + Pb + 2H_2SO_4 \rightarrow 2PbSO_4 + 2H_2O$ (물이 생긴다)

음극에서는 납이 황산납이 되며, 양극에서는 이산화납이 황산납이 된다.
전해질인 묽은황산은 물이 된다.

그림 2-17 **납축전지가 방전할 때의 전지반응**

《양극》 $PbO_2 + 4H^+ + SO_4^{2-} + 2e^- \rightarrow PbSO_4 + 2H_2O$

반응 결과 만들어진 황산납은 고체이며, 음극과 마찬가지로 양극에서도 석출된다. 납(Pb)의 가수에 주목해보면 이산화납(PbO_2)에서는 +4가였는데 황산납($PbSO_4$)에서는 +2가가 되었다. 또한, 수소이온은 이산화납의 산소 및 전자와 결합해서 물분자가 되었음을 알 수 있다.

음극과 양극의 화학반응을 합치면 방전할 때 일어나는 납축전지의 전체 전지반응은 다음과 같다.

《반응 전체》 $PbO_2 + Pb + 2H_2SO_4 \rightarrow 2PbSO_4 + 2H_2O$

위 식을 살펴보면 납축전지가 방전하면 물이 생긴다는 사실을 알 수 있다. 물이 발생하고 황산이온이 감소하므로 전해질농도가 내려간다. 그리고 기체는 발생하지 않는다.

그런데 앞에서 납축전지의 음극은 납이고 양극은 이산화납이라고 당연하다는 듯이 설명했는데, 그러려면 납이 이산화납보다 이온화경향이 커야만 한다.

이론적으로 구한 표준환원전위를 보면〈⇒p65〉[$PbSO_4 \rightarrow Pb$]는 −0.355V고 [$PbO_2 \rightarrow PbSO_4$]는 1.685V이므로 납이 이산화납보다 이온화경향이 크다고 할 수 있다. 따라서 표준환원전위를 통해 구한 납축전지의 기전력(전위차)은 1.685 − (−0.355) = 2.04V다.

✚ 충전할 때의 전지반응

납축전지를 외부 전원에 연결해서 충전하면 방전할 때의 역반응이 일어난다(그림 2-18).

음극에서는 부착되어 있던 황산납이 전자를 얻어 납이 되고 황산이온이 전해질 용액으로 방출되는 환원반응이 일어난다.

《음극》 $PbSO_4 + 2e^- \rightarrow Pb + SO_4^{2-}$

한편 양극에서는 부착되어 있던 황산납이 용액의 물과 반응하여 이산화납이 되고 수소이온과 황산이온이 방출되는 산화반응이 일어난다.

《양극》 $PbSO_4 + 2H_2O \rightarrow PbO_2 + 4H^+ + SO_4^{2-} + 2e^-$

음극과 양극의 화학반응을 합치면 납축전지를 충전할 때의 전체 반응을 다음과 같이 나타낼 수 있다.

《반응 전체》 $2PbSO_4 + 2H_2O \rightarrow PbO_2 + Pb + 2H_2SO_4$

용액 내에서 황산은 이온화한 상태로 존재한다($2H_2SO_4 \rightarrow 4H^+ + 2SO_4^{2-}$).

충전할 때의 전지반응식을 방전할 때의 반응식과 비교해보면 완전한 역반응임을 알 수 있다(⇒p114). 방전할 때는 물이 늘어나고 황산이온이 줄었지만, 충전할 때는 물이 줄고 황산이온이 늘어나서 방전하기 전의 상태로 돌

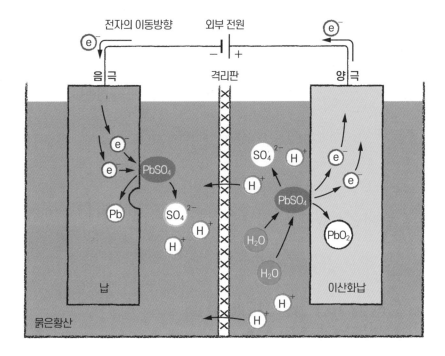

《음극에서 일어나는 화학반응》

$PbSO_4 + 2e^- \rightarrow Pb + SO_4{}^{2-}$ (황산납 → 납)

《양극에서 일어나는 화학반응》

$PbSO_4 + 2H_2O \rightarrow PbO_2 + 4H^+ + SO_4{}^{2-} + 2e^-$ (황산납 → 이산화납)

《반응 전체》

$2PbSO_4 + 2H_2O \rightarrow PbO_2 + Pb + 2H_2SO_4$ (황산이 생긴다)

음극에서는 황산납이 납으로, 양극에서는 황산납이 이산화납으로 돌아간다.
전해질 내의 물은 황산으로 돌아간다.

그림 2-18 **납축전지를 충전할 때의 전지반응**

아간다.

　일반적으로 2차전지의 전지반응식에서는 양방향 화살표를 사용하므로, 납축전지의 반응식도 다음과 같이 쓸 수 있다.

《반응 전체》 $PbO_2 + Pb + 2H_2SO_4 \rightleftarrows 2PbSO_4 + 2H_2O$

　보통은 두 화살표 중 위에 있는 것(→)이 방전, 아래에 있는 것(←)이 충전할 때의 화학반응을 나타내므로 이 책에서도 그렇게 쓰도록 하겠다.

✚ 충전 말기나 과충전되었을 때 발생하는 수소와 산소

　납축전지의 충전이 계속 진행되어 충전 말기나 완전 충전 상태가 되면 황산납이 모두 사라진다. 이 상태에서 충전을 더 하면 과충전되어 물이 전기분해되어 음극에서 수소기체, 양극에서 산소기체가 발생한다. 기체 때문에 전지 내의 압력이 오르면 전해액이 새어나오거나 전지가 파열할 위험이 있다. 게다가 수소와 산소기체가 섞이면 폭발이 일어날 수도 있다. 따라서 이런 일을 방지하기 위해 납축전지에는 기체를 방출하거나 제거하는 장치가 마련되어 있다〈⇒p110〉.

납축전지의 열화

세상에 열화하지 않는 전지는 없으므로, 열화속도가 느린 것도 '성능'의 기준이 될 수 있다. 열화란 어떤 현상이며 왜 일어날까? 전지의 종류에 따라 열화현상은 다르게 진행되는데, 여기서는 납축전지를 예로 들어 설명하겠다.

✚ 황산화와 활물질 탈락

열화는 외부 영향이나 내부 영향에 따라 전지의 화학적 성질과 물리적 성질이 나빠지는 현상이다. 납축전지가 열화하는 가장 큰 원인은 방전할 때 석출되어 전극에 달라붙은 황산납(⇨p113)이 결정화하는 것이다(그림 2-19). 이 현상을 전지를 다루는 전기화학에서는 황산화(설페이션, sulfation)라고 부른다.

석출된 직후의 황산납은 부드러우며, 충전할 때 화학반응을 일으켜서 음극

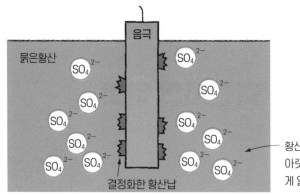

묽은황산

SO₄²⁻ (multiple ions)

음극

결정화한 황산납

황산이온 농도가 높은 전극
아랫부분에서 황산화가 쉽
게 일어난다.

황산화가 진행하면 충전속도가 떨어진다.

그림 2-19 **황산화**

에서는 납이 되고 양극에서는 이산화납이 된다. 하지만 오랫동안 충전하지 않고 방치한다거나 전지 자체가 오래되면, 황산납이 결정화하여 단단해져 화학반응이 잘 일어나지 않게 된다. 황산화가 진행될수록 전지의 용량이 줄어들 뿐만 아니라 전극판과 전해질이 잘 접촉하지 못해서 충전속도도 떨어진다.

전해질인 묽은황산의 농도가 커지면 황산화가 일어나기 쉬우므로, 이를 방지하기 위해서는 반드시 충전이나 물 보충하기 등의 방법으로 관리해야 한다.

전해질인 묽은황산에서 비중이 큰 황산이온은 아래로 잘 가라앉는다. 따라서 만약 충전이 충분하지 않아 기체가 발생하지 않으면, 용액이 잘 뒤섞이지 않아서 용액 내에 이온 농도가 서로 다른 층이 생기고 만다(층화현상). 층화현상이 일어나면 황산이온 농도가 높은 전극 아랫부분에서 황산화가 더 잘 일어난다.

납축전지가 열화하는 또 다른 원인으로 꼽을 수 있는 것은 탈락현상이다. 탈락물질은 바로 양극 활물질인 이산화납이다. 페이스트식 전극판⟨⇒p109⟩

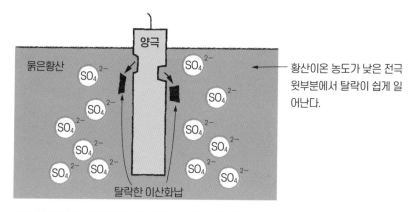

황산이온 농도가 낮은 전극 윗부분에서 탈락이 쉽게 일어난다.

탈락한 이산화납

탈락 방지를 위해 유리매트를 전극에 대는 방법 등이 있다.

그림 2-20 **이산화납 탈락**

에는 격자 사이에 페이스트 상태의 이산화납이 채워져 있다. 그런데 이 이산화납이 열 때문에 부드러워진다거나 충전과 방전을 되풀이하면서 모양이 변하면, 충격이나 충돌을 계기로 격자에서 떨어져나올 수 있다. 이렇게 이산화납이 떨어져나간 부분에서는 전지반응이 일어나지 않으므로 전지의 용량과 출력이 줄어들고 만다. 층화현상이 일어나면 황산이온 농도가 낮고 방전하기 쉬운 전극 윗부분에서 탈락현상이 쉽게 일어난다(그림 2-20).

✚ 과충전에 의한 격자 파손과 활물질 수축

과충전도 납축전지가 열화하는 원인이다. 고온 상태에서 과충전하면 양극 격자의 부식이 진행되며, 그곳에 달라붙은 이산화납이 많아지면서 압력 때문에 격자가 변형되거나 파손될 수 있다. 또한, 음극에서도 활물질을 스펀지 상태로 유지하기 위해 섞어둔 첨가제가 산화분해되어 반응표면적이 줄어든다. 이처럼 과충전은 수소기체와 산소기체를 발생시킬 뿐만 아니라〈⇨p118〉, 전지 내부의 변형과 손상의 원인이 되기도 한다.

에디슨이 발명한
니켈-철전지

니켈-철전지는 '에디슨전지'라고도 불리는 알칼리축전지의 일종이다. 알칼리축전지란 염기성 전해질을 사용하는 2차전지를 가리키는 말이다. 1899년에 발명된 니켈-카드뮴전지(⇒p133)는 유해한 카드뮴을 사용하는 전지였는데, 발명왕 토머스 에디슨Thomas Edison이 유해성 문제를 해결하고 전기자동차용 전지로 발명한 것이 바로 니켈-철전지다.

에디슨은 니켈-철전지를 자신 있게 내놓았는데, 당시의 납축전지보다 에너지밀도가 높고 충전시간도 짧았기 때문이다. 다만 제조비용이 비싸다는 점 때문에 널리 보급되지는 못했다. 그래도 이 전지는 물리적인 내구성이 뛰어난데다 수명도 길기 때문에 오늘날에도 산업용 운반차량, 철도차량, 예비전원 등으로 쓰이고 있다.

✚ 니켈-철전지의 전지반응

니켈-철전지는 음극으로 철, 양극으로 산화수산화니켈(옥시수산화니켈), 전해질로 수산화칼륨 용액을 사용한다. 방전할 때의 전지식은 다음과 같다.

《전지식》 $(-)Fe|KOH|NiOOH(+)$

방전할 때 음극에서는 철이 수산화칼륨과 반응하여 수산화철(Ⅱ)이 되어 전극에 부착한다. 양극에서는 산화수산화니켈이 전자를 받아서 물과 반응하여 수산화니켈과 수산화이온이 만들어진다.

충전할 때는 역반응이 일어나므로, 음극과 양극의 전지반응을 적으면 다음과 같다(그림 2-21).

《음극》 $Fe + 2OH^- \rightleftarrows Fe(OH)_2 + 2e^-$

《양극》 $NiOOH + H_2O + e^- \rightleftarrows Ni(OH)_2 + OH^-$

양극 화학반응식의 양변에 2를 곱해서 음극 반응식과 전자의 계수를 맞추면, 전지반응 전체는 다음과 같이 나타낼 수 있다.

《반응 전체》 $Fe + 2NiOOH + 2H_2O \rightleftarrows Fe(OH)_2 + 2Ni(OH)_2$

다만, 방전이 계속 이어지면 철이 부족해져서 음극 반응이 다음과 같이 진행될 수 있다.

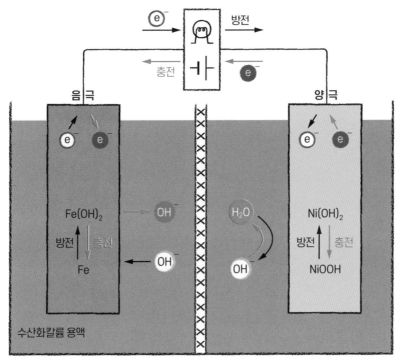

Fe(OH)₂: 수산화철(II)   Ni(OH)₂: 수산화니켈

《음극에서 일어나는 화학반응》

$Fe + 2OH^- \rightleftarrows Fe(OH)_2 + 2e^-$

《양극에서 일어나는 화학반응》

$NiOOH + H_2O + e^- \rightleftarrows Ni(OH)_2 + OH^-$

《반응 전체》

$Fe + 2NiOOH + 2H_2O \rightleftarrows Fe(OH)_2 + 2Ni(OH)_2$

납축전지와 마찬가지로 충전 말기나 과충전 시에는 음극에서 수소기체, 양극에서 산소기체가 발생한다.

그림 2-21 **니켈-철전지의 전지반응**

《음극》$3Fe(OH)_2 + 2OH^- \rightleftarrows Fe_3O_4 + 4H_2O + 2e^-$

니켈-철전지의 공칭전압은 1.2V지만, 충전 직후에는 대략 1.4V이며 그 후 방전에 의해서 1.2V로 떨어진다.

추억의 빨간 망간과 검은 망간

한때 불티나게 팔렸던 망간전지는 음극 활물질로 아연, 양극 활물질로 이산화망간, 전해질로 염화아연 용액이나 염화암모늄 용액을 사용한다⟨⇒p76⟩. 이러한 망간건전지 중에는 빨간 망간과 검은 망간이라 불린 제품이 있었다.

초기의 망간건전지는 '건'전지인데도 전해액이 새어나왔으며 방전 성능도 낮았다. 그러던 중에 망간건전지의 전해액 누출방지와 성능 향상을 강력하게 추진해야 할 계기가 생겼다. 바로 1955년에 도쿄통신공업(현재의 소니)에서 트랜지스터라디오를 발매한 것이다.

이후로 망간건전지의 전해질로는 염화암모늄 용액보다 염화아연 용액이 더 많이 쓰이게 되었으며, 이것을 풀처럼 만들어서 최대한 전해액이 새어나오지 않도록 했다. 여기에 더해 전지 내부의 형태와 재료의 양을 조절함으로써 고성능 망간건전지를 만들 수 있었다. 1963년에 일본의 마쓰시타 전기산업(현재의 파나소닉)그룹이 발매한 이 새로운 전지는 당시 세계 최고의 방전 성능을 자랑했다.

빨간 '고성능'에서 검은 '초고성능'으로의 비약

마쓰시타가 새로운 전지에 빨간색 포장재를 씌웠기에, 고성능 망간건전지는 흔히 '빨간 망간'이라 불렸다. 처음에는 마쓰시타에서만 빨간 포장재를 사용했지만, 다른 회사에서도 이를 따라 한 결과 빨간색은 일본제 고성능 망간건전지의 공통적인 색이 되어버렸다.

빨간 망간이 등장하면서 일본 제조사의 전지 개발경쟁은 더욱 심해졌다. 마쓰시타에서도 기존 전지를 개량하는 연구에 박차를 가했고, 전해질인 염화아연 용액에 소량의 염화암모늄 용액을 첨가한다거나 이산화망간 가루를 더 곱게 만드는 등의 노력을 했다. 그 결과 1969년에 빨간 망간보다 더 성능이 좋은 초고성능 망간건전지를 완성했다. 이것에는 검은색 포장재를 사용했기에, 빨간 강간을 뛰어넘는 '초고성능 전지'를 '검은 망간'이라고 부르게 되었다.

'고성능'과 '초고성능'이라는 자신감 넘치는 이름을 가졌지만, 시대의 흐름 때문인지 현재 일본에서 빨간 망간은 거의 생산되지 않으며 검은 망간도 생산량이 줄고 있다. 지금은 알칼리망간건전지⟨⇒p82⟩가 소형·원통형 1차전지의 주력 상품으로 활약하고 있다.

3장

다양한
2차전지 이야기

현재 전 세계에서 가장 많이 쓰이는 2차전지는 리튬이온전지다.

그야말로 리튬이온전지 전성시대라 해도 지나치지 않다.

그렇지만 리튬이온전지가 2차전지의 전부를 의미하는 것은 아니다.

이 장에서는 어디서 어떤 전지가 쓰이고 있는지,

왜 그 전지가 선택되었는지,

주요 2차전지에 대해 자세히 설명한다.

니켈계 2차전지

이번 장에서는 주요 2차전지를 소개한다. 다만, 리튬계 2차전지에 관해서는 다음 장에서 집중적으로 다루도록 하겠다.

우선 니켈계 2차전지(니켈전지)부터 알아보면, 건전지와 비슷하게 생긴 작은 원통형 제품이 일반 가정용으로 널리 보급되어 있다. 건전지 대신 쓸 수 있는데다 오래 사용하면 더 경제적이어서 인기가 많다.

에디슨이 발명한 역사적인 니켈-철전지는 이미 앞에서 소개했다〈⇒p123〉. 그 밖에도 니켈계 2차전지로는 니켈-카드뮴전지〈⇒p133〉, 니켈-아연전지〈⇒p139〉, 니켈-수소전지〈⇒p143〉 등이 있다. 니켈계 2차전지 개발에 관한 역사를 표 3-1에 간략히 정리했다.

참고로 이 책에서는 다루지 않지만, 니켈전지 중에는 1차전지도 있다.

표 3-1 **니켈계 2차전지의 간략한 개발 역사**

연도	내용
1899	니켈-카드뮴전지 개발
1900	니켈-철전지 개발
1960	니켈-카드뮴전지 생산 시작(미국)
1961	단추형 니켈-카드뮴전지 개발
1964	니켈-카드뮴전지 생산 시작(일본)
1973	니켈-아연전지 개발
1989	니켈-수소전지 발명, 제품화

✚ 니켈계 2차전지의 특징

모든 니켈계 2차전지는 전해질로 염기성인 수산화칼륨 용액을 사용하는 알칼리축전지다.

또한, 양극 활물질이 산화수산화니켈(옥시수산화니켈)이라는 점도 니켈계 2차전지의 공통점이다. 양극에 산화수산화니켈이 많이 쓰이는 이유는 용량밀도가 크고 내식성이 뛰어나며 충·방전 시에 금속용출이 적기 때문이다.

M을 금속원소라고 하면, 니켈계 2차전지가 방전할 때의 전지식은 다음과 같이 나타낼 수 있다.

《전지식》 $(-)M|KOH|NiOOH(+)$

따라서 양극에서 일어나는 화학반응은 아래와 같이 된다.

표 3-2 **니켈계 2차전지의 종류**

2차전지	음극 활물질	양극 활물질	이 책의 페이지
니켈-카드뮴전지	Cd	NiOOH	133쪽
니켈-철전지	Fe	NiOOH	123쪽
니켈-아연전지	Zn	NiOOH	139쪽
니켈-수소전지	수소저장합금	NiOOH	143쪽

※ 활물질은 방전할 때의 물질을 적었다.

양극 활물질은 공통적으로 산화수산화니켈을 사용한다.

장점 · 용량밀도가 높다.

· 내식성이 뛰어나다.

· 충·방전 시 금속용출이 적다.

《양극》 $NiOOH + H_2O + e^- \rightleftarrows Ni(OH)_2 + OH^-$

즉 방전할 때는 산화수산화니켈이 환원되어 수산화니켈이 되며, 충전할 때는 수산화니켈이 산화하여 산화수산화니켈로 되돌아간다. 니켈의 가수는 산화수산화니켈(NiOOH)이 +3가, 수산화니켈(Ni(OH)₂)이 +2가다. NiOOH/Ni(OH)₂의 표준환원전위는 약 0.49V다.

이처럼 양극 활물질과 양극에서의 전지반응은 모두 똑같으므로, 각 니켈계 2차전지의 특징과 성능을 결정하는 가장 큰 요인은 음극 활물질의 종류라고 할 수 있다(표 3-2).

니켈-카드뮴전지

음극 활물질로 카드뮴을 사용하는 니켈-카드뮴전지는 니카드전지라고 줄여 부르기도 하므로, 여기서는 니카드전지라고 표기하겠다. 참고로 대형 니카드전지를 알칼리축전지라고 부를 때도 있다.

니카드전지는 1899년에 스웨덴의 공학자이자 발명가인 에른스트 융그너 Ernst Jungner, 1869~1924가 발명했다. 에디슨의 니켈-철전지보다 1년 앞선 셈이다. 니켈계 2차전지라고 하면 1990년 무렵까지는 니카드전지가 대부분이었다.

✛ 니카드전지의 구조와 전지반응

니카드전지의 음극 활물질은 카드뮴이며 양극 활물질은 산화수산화니켈(옥시수산화니켈), 전해질은 수산화칼륨 용액이다.

내부를 살펴보면 양극판과 음극판 사이에 전해질을 포함한 분리막을 끼워서 돌돌 말거나 층층이 쌓은 것이 철용기 안에 들어 있는 구조다. 또한, 용기 바깥쪽은 외장라벨(혹은 절연튜브)로 뒤덮여 있다(그림 3-1).

니카드전지가 방전할 때의 전지식은 다음과 같다.

《전지식》 (−)Cd|KOH|NiOOH(+)

방전할 때 음극에서는 카드뮴이 산화하여 수산화카드뮴이 되고, 양극에서는 산화수산화니켈이 수산화니켈로 환원된다. 충전할 때는 역반응이 일어난다.

따라서 전지반응식은 다음과 같다.

《음극》 $Cd + 2OH^- \rightleftarrows Cd(OH)_2 + 2e^-$

《양극》 $NiOOH + H_2O + e^- \rightleftarrows Ni(OH)_2 + OH^-$

《반응 전체》 $Cd + 2NiOOH + 2H_2O \rightleftarrows Cd(OH)_2 + 2Ni(OH)_2$ (그림 3-2)

반응식을 살펴보면 방전할 때는 물을 소비하므로 전해액의 농도가 높아지고, 반대로 충전할 때는 물이 생성되어 전해액의 농도가 낮아짐을 알 수 있다.

니카드전지의 공칭전압은 약 1.2V로 건전지보다 작다. 표준환원전위로 전압(기전력)을 구하면 $Cd(OH)_2/Cd$는 약 −0.825V, $NiOOH/Ni(OH)_2$는 약 0.49V이므로 0.49 − (−0.825) = 1.315V가 된다.

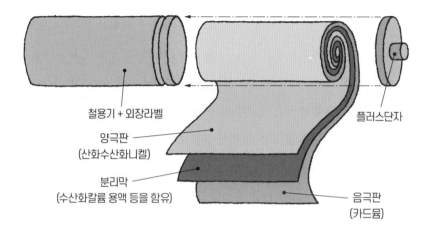

철용기 + 외장라벨

양극판
(산화수산화니켈)

분리막
(수산화칼륨 용액 등을 함유)

플러스단자

음극판
(카드뮴)

구조도

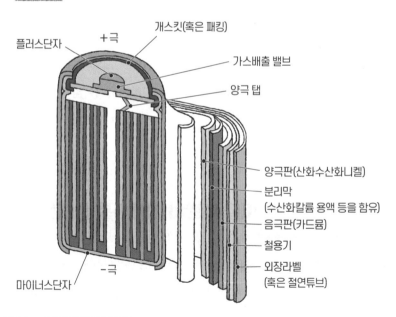

플러스단자

+극

개스킷(혹은 패킹)

가스배출 밸브

양극 탭

양극판(산화수산화니켈)

분리막
(수산화칼륨 용액 등을 함유)

음극판(카드뮴)

철용기

외장라벨
(혹은 절연튜브)

마이너스단자

-극

그림 3-1 **니카드전지의 구조**

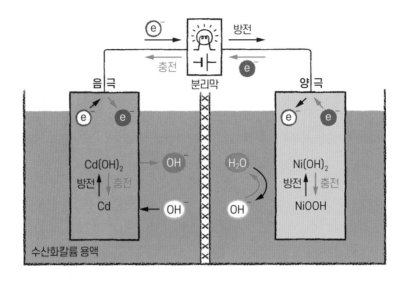

그림 3-2 **니카드전지의 전지반응**

✚ 니카드전지의 문제

니카드전지의 가장 큰 단점은 인체에 유해한 카드뮴을 전극으로 사용한다는 것이다. 1960년대에 일본을 뒤흔든 공해병 중 하나인 '이타이이타이병'을 일으킨 것도 광산의 폐수에 들어 있는 고농도 카드뮴이었다. 에디슨이 니켈-철전지를 개발한 이유도 유해한 카드뮴을 사용하지 않기 위해서였다.

인체에 유해하다는 점 이외에도 니카드전지는 메모리효과〈⇒p193〉와 자체 방전이 심하다는 점, 열폭주를 일으킬 위험이 있다는 점도 단점이다.

열폭주란 영어로 '서멀 런어웨이thermal runaway'라고 하는데, 발열이 발열을 부르면서 온도를 제어할 수 없게 되어 비정상적으로 뜨거워지는 현상을 말한다.

표 3-3 **니카드전지의 장단점**

장점	단점
• 납축전지보다 튼튼하고 진동과 충격에 강하며, 강한 전류로 충전과 방전을 할 수 있다. • 저온에서도 전압이 많이 떨어지지 않는다. • 사용하기 편한 밀폐형으로 만들 수 있다.	• 전극으로 쓰이는 카드뮴이 인체에 유해하다. • 메모리효과와 자체방전이 심하다. • 열폭주(온도를 제어할 수 없어져서 비정상적으로 뜨거워지는 일)를 일으킬 위험이 있다.

일반적으로 전지는 온도가 높을수록 기전력도 높아지는데, 니카드전지는 반대로 온도가 높아지면 기전력이 떨어지는 음의 온도계수를 지닌다. 그래서 정전압 충전(⇒p174)을 하면 온도가 상승함에 따라 기전력이 떨어지고, 그로 인해 전류가 증가하여 온도가 더 오르는 악순환에 빠지고 만다. 그러다가 너무 뜨거워져 불이 날 수도 있다.

한때 리튬이온전지가 비정상적으로 발열한다는 문제가 큰 파문을 일으키기도 했는데, 그것도 열폭주에 의한 현상이다.

➕ 니카드전지를 왜 계속 쓰는 걸까

하지만 니카드전지는 납축전지보다 튼튼하고 진동과 충격에 강하며, 강한 전류로 충전과 방전을 할 수 있고 저온에서도 전압이 많이 떨어지지 않는 여러 장점이 있다(표 3-3).

일반적인 전지반응에서는 충전 말기나 과충전 상태일 때 전해액의 물이 분해되어 수소기체와 산소기체가 발생한다. 하지만 카드뮴은 수소과전압이 큰 데다 산소와 반응하기 쉽다는 성질이 있다. 따라서 카드뮴의 양을 양극 활물질보다 많게 조절하면 기체가 발생하는 일을 억제할 수 있고, 사용하기 편한 밀폐형으로 만들 수 있다. 이런 여러 장점 때문에 단점에도 불구하고 니카드전지는 널리 보급되었다.

단, 니카드전지의 플러스단자에는 압력이 높아졌을 때 기체를 배출할 수 있는 밸브가 달려 있다. 이것은 만에 하나라도 파열 사고가 일어나지 않도록 하기 위한 장치다(그림 3-1 아래 그림).

그래도 카드뮴이 유해하다는 사실은 변하지 않기에, 유럽연합EU에서는 이미 니카드전지의 제조를 금지했다. 대부분의 나라에서 제조량은 감소하고 있으며 더 성능이 좋은 니켈-수소전지와 리튬이온전지로 대체되고 있다.

니켈-아연전지

니켈-아연전지는 니켈-철전지, 니켈-카드뮴전지(니카드전지)와 음극 활물질만 다른 알칼리축전지다.

19세기 말부터 양극 활물질과 음극 활물질의 조합에 관한 연구가 진행되었기에, 현재 보급된 전지 중 많은 종류가 100년 이상 전에 발명되었다. 니켈-아연전지도 이미 1901년에 에디슨이 이것에 대한 특허를 취득한 바 있다. 다만 나중에 설명하겠지만, 기술적인 문제 때문에 실용화가 많이 늦어졌다. 현재는 경주용 차량의 시동장치나 잔디깎이의 전원으로 쓰이고 있다.

+ 니켈-아연전지의 전지반응

니켈-아연전지가 방전할 때의 전지식은 다음과 같다.

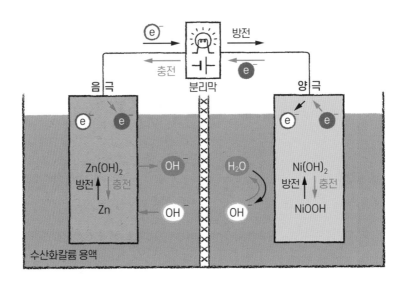

그림 3-3 **니켈-아연전지의 전지반응**

《전지식》 (-)Zn|KOH|NiOOH(+)

방전 시에 음극에서는 아연이 산화하여 수산화아연이 되며, 양극에서는 산화수산화니켈이 수산화니켈로 환원된다. 충전할 때는 역반응이 일어난다. 따라서 전지반응식은 다음과 같이 쓸 수 있다.

《음극》 $Zn + 2OH^- \rightleftarrows Zn(OH)_2 + 2e^-$

《양극》 $NiOOH + H_2O + e^- \rightleftarrows Ni(OH)_2 + OH^-$

《반응 전체》 $Zn + 2NiOOH + 2H_2O \rightleftarrows Zn(OH)_2 + 2Ni(OH)_2$ (그림 3-3)

단, 음극의 반응과 반응 전체를 다음과 같이 나타낼 때도 있다.

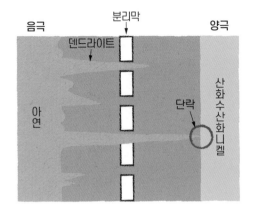

방전과 충전을 할 때마다 음극의 아연이 용해와 석출을 되풀이하면서 바늘 모양의 결정(덴드라이트)이 되어 성장한다. 결국에는 분리막을 뚫고 양극까지 뻗어나가서 단락을 일으킨다. 그래서 충·방전의 반복횟수(사이클수명: ⇒p190)를 늘리지 못한다.

그림 3-4 **덴드라이트가 끼치는 영향**

《음극》 Zn + 2OH⁻ $\rightleftarrows$ ZnO + H₂O + 2e⁻

《반응 전체》 Zn + 2NiOOH + H₂O $\rightleftarrows$ ZnO + 2Ni(OH)₂

니켈-아연전지의 공칭전압은 니카드전지보다 높은 1.6V다. 표준환원전위로 전압(기전력)을 구하면 Zn(OH)₂/Zn은 약 −1.25V, NiOOH/Ni(OH)₂는 약 0.49V이므로 0.49 − (−1.25) = 1.74V가 된다.

✚ 덴드라이트 발생

니켈-아연전지는 알칼리축전지 중에서 비교적 기전력이 크고 전력밀도도 높다. 그리고 아연에는 카드뮴 같은 유해성이 없다. 그런데도 니켈-아연전지가 오랫동안 보급되지 못한 가장 큰 이유는 바로 덴드라이트 때문이다(그림 3-4).

한때 리튬금속 2차전지의 발열과 발화현상이 자주 일어난 적이 있는데, 이
것도 덴드라이트 때문에 생긴 문제다. 덴드라이트에 관해서는 196쪽에서 자
세히 설명하겠다.

니켈-수소전지

니켈-수소전지는 알칼리축전지 중에서도 가장 성공한 전지다. 그림 3-5는 일본 전지공업회가 조사한 2019년 4월부터 2020년 1월까지의 일본 내 전지 생산량이다.

2차전지 중 압도적인 생산량을 자랑하는 것은 리튬이온전지이지만, 그다음으로 많은 것은 니켈-수소전지다. 2차전지의 전체 생산량에서 소형 2차전지가 차지하는 비율은 96.5%이며, 소형 2차전지의 생산량 중 니켈-수소전지의 비율은 27.4%다. 즉, 일본에서 생산되는 모든 2차전지 약 4개 중 1개가 니켈 수소전지인 셈이다.

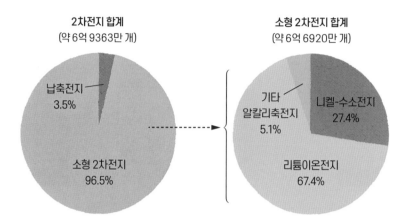

2차전지 합계
(약 6억 9363만 개)

납축전지
3.5%

소형 2차전지
96.5%

소형 2차전지 합계
(약 6억 6920만 개)

기타
알칼리축전지
5.1%

니켈-수소전지
27.4%

리튬이온전지
67.4%

※ 일본 전지공업회에서 조사함. 회원 기업의 2019년 4월~2020년 1월의 생산 계수에서 계산하여 작성함.
※ 한국에서도 몇몇 업체에서 니켈계 2차전지를 생산하고 있지만, 전체 전지에서 차지하는 비중이 매우 낮은 편이다 – 감수자

그림 3-5 **니켈-수소전지의 일본 내 생산 비율**

✚ 니켈-수소전지의 구조와 명칭

니켈-수소전지는 음극 활물질로 수소저장합금, 양극 활물질로 산화수산화니켈, 전해질로 수산화칼륨 용액을 사용한다. 다른 니켈계 알칼리축전지와 구조가 거의 같으며, 차이점은 음극 활물질의 종류뿐이다(그림 3-6).

방전할 때의 전지식은 다음과 같다.

《전지식》 $(-)MH|KOH|NiOOH(+)$

음극의 MH가 수소저장합금을 나타낸다. 충전된 상태에서는 음극인 합금의 결정격자 사이에 수소원자가 흡장(기체가 고체에 흡수되어 고체 안으로 들어가는 현상 – 옮긴이)되어 있으며, 이 수소가 실질적인 음극 활물질이라고 할 수 있다.

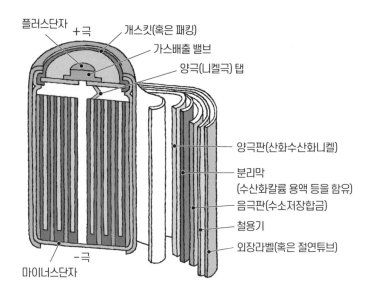

플러스단자 +극 개스킷(혹은 패킹)
가스배출 밸브
양극(니켈극) 탭

양극판(산화수산화니켈)
분리막
(수산화칼륨 용액 등을 함유)
음극판(수소저장합금)
철용기
외장라벨(혹은 절연튜브)

－극
마이너스단자

소형 니켈-수소전지 제품으로는 파나소닉의 '에네루프'와 '충전식 에보루타' 등이 있다.

그림 3-6 **니켈-수소전지의 구조**

MH라는 표기를 이용해서 니켈-수소전지를 Ni-MH라고 표기하기도 한다.

　수소저장합금은 경수소(프로튬) 저장합금이라고도 불린다. 경수소란 질량수가 1인, 다시 말해 원자핵이 양성자인 일반적인 수소를 가리키는 말이다. 프로튬protium은 양성자를 가리키는 영어단어 '프로톤proton'과 어원이 같다.

　다만 수소저장합금을 나타내는 기호에는 경수소와 관련된 알파벳은 나오지 않으며, 위와 같이 MH라고 표기한다. MH는 '메탈 하이드라이드Metal Hydride'의 머리글자로, 하이드라이드란 '수소화물'이라는 뜻이다. 따라서 니켈-수소전지를 전문적으로 표기하면 '니켈-금속수소화물 전지'이며, 학술적으로는 이렇게 쓸 때도 많다.

일반적으로 '니켈-수소전지'라고 하면 방금 소개한 전지를 가리키지만, 실은 니켈-수소전지라 불리는 또 다른 전지가 있다. 고압 탱크에 수소기체를 저장한 특수한 전지로, 이쪽은 Ni-H$_2$로 표기한다(⇒p149).

소형 니켈-수소전지 제품으로는 파나소닉의 '에네루프'와 '충전식 에보루타' 등이 있다.

✚ 수소저장합금

원래 금속 중에는 수소를 흡수하는 성질을 지닌 것이 많다. 이 성질을 이용해 합금으로 만든 것이 수소저장합금으로, 수소를 가역적으로 흡장하고 방출할 수 있다(그림 3-7). 수소저장합금은 자신의 부피의 1,000배나 되는 수소를 흡장할 수 있다.

수소저장합금은 수소 저장탱크의 촉매, 열펌프, 압축기, 그리고 니켈-수소전지의 음극 재료 등으로 쓰인다. 열펌프는 수소기체에 압력을 가해 수소저장합금에 흡수시킬 때는 열을 방출하고, 반대로 열을 공급하면 수소기체가 나오는 성질을 이용한 것이다. 또한, 저온에서 수소를 저장한 합금을 과열하면 고압 수소가 만들어진다는 점을 이용해 압축기로 사용할 수 있다.

티탄계, 희토류계, 마그네슘계 등 아주 다양한 종류의 수소저장합금이 개발되었다. 그중에서도 니켈-수소전지의 음극으로는 니켈과 란탄의 합금인 'LaNi$_5$'을 비롯하여, 니켈의 일부를 코발트, 알루미늄, 망간 등으로 바꾸고 란탄을 희토류원소의 혼합물인 미시메탈Mischmetal로 바꾼 재료 등이 쓰인다.

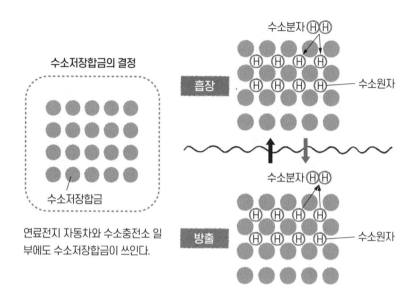

수소분자 HH

흡장

수소원자

수소저장합금의 결정

수소저장합금

연료전지 자동차와 수소충전소 일
부에도 수소저장합금이 쓰인다.

수소분자 HH

방출

수소원자

그림 3-7 **수소저장합금의 원리**

✚ 니켈-수소전지의 전지반응

자, 다시 니켈-수소전지(Ni-MH) 이야기로 돌아가보자. 니켈-수소전지가 방
전할 때는 음극인 수소저장합금에서 수소가 빠져나와 물이 되며(산화반응), 충
전할 때는 역반응이 일어난다.

《음극》 $MH + OH^- \rightleftarrows M + H_2O + e^-$

양극에서는 니카드전지에서와 마찬가지로 방전할 때는 산화수산화니켈이
수산화니켈로 환원되고, 충전할 때는 역반응이 일어난다.

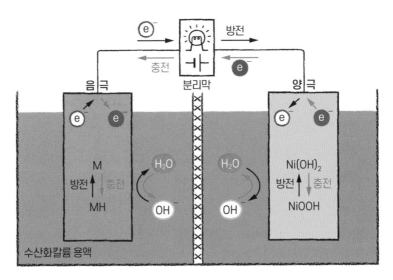

그림 3-8 **니켈-수소전지의 전지반응**

《양극》 $NiOOH + H_2O + e^- \rightleftarrows Ni(OH)_2 + OH^-$

방전할 때와 충전할 때 모두 음극과 양극에서 각각 물이 발생하거나 소모되므로, 물은 마치 전지반응에 관여하지 않는 것처럼 보인다.

《반응 전체》 $MH + NiOOH \rightleftarrows M + Ni(OH)_2$ (그림 3-8)

니켈-수소전지의 공칭전압은 1.2V다. 표준환원전위로 전압(기전력)을 구하면 M/MH는 약 −0.82V, NiOOH/Ni(OH)₂는 약 0.49V이므로 0.49 − (−0.82) = 1.31V가 된다.

니켈-수소전지는 니카드전지보다 에너지밀도가 높고 사이클수명이 길며 카드뮴 등의 유해물질을 포함하지 않기에, 빠르게 수요가 늘어 널리 보급되었다.

5

우주에서 활약하는
또 하나의 니켈-수소전지

니켈-수소전지 중에는 $Ni-H_2$라고 불리는 것도 있다. 이것은 고압형 니켈-수소전지라고도 하는데, 고압 탱크에 저장한 압축 수소기체를 음극으로 사용한다. 사실 우리 주위에서 $Ni-H_2$를 볼 일은 거의 없다. 왜냐면 $Ni-H_2$는 주로 인공위성과 우주탐사선에 쓰이기 때문이다.

우주선에서 2차전지는 핵심 장치 중 하나다. 인공위성은 햇빛을 받다가 지구의 그늘에 들어가기를 빠르게 되풀이하는데, 예를 들어 국제우주정거장은 24시간 동안 낮과 밤이 16번이나 반복된다.

이렇게 특수한 우주 환경에서는 크고 견고하며 내구성이 있고 사이클수명이 긴 2차전지가 필요했다. 그래서 1970년대에 미국에서 $Ni-H_2$를 개발하기 시작했으며, 허블우주망원경에 사용하기도 했다. 우주선용 전지로는 납축전지와 니카드전지, $Ni-MH$ 등을 썼지만, 현재는 리튬이온전지가 주류다.

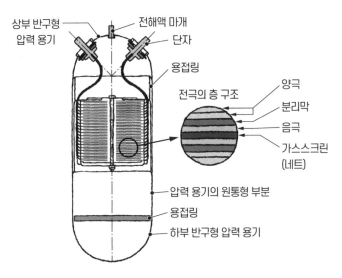

상부 반구형 압력 용기
전해액 마개
단자
용접링
전극의 층 구조
양극
분리막
음극
가스스크린 (네트)
압력 용기의 원통형 부분
용접링
하부 반구형 압력 용기

압력 용기 안에 고압 수소를 저장한다.

그림 3-9 **Ni-H₂ 전지의 구조**

➕ Ni-H₂의 구조와 전지반응

Ni-H₂는 전지 자체를 압력 용기 안에 수납하여 30~70기압의 고압 수소기
체로 가득 채운다(그림 3-9). 이 수소기체가 음극 활물질이 된다. 양극 활물질
은 산화수산화니켈이며, 전해질은 수산화칼륨 용액이다. 따라서 방전할 때의
전지식은 다음과 같다.

《전지식》 $(-)H_2|KOH|NiOOH(+)$

음극과 양극의 화학반응은 다음과 같다.

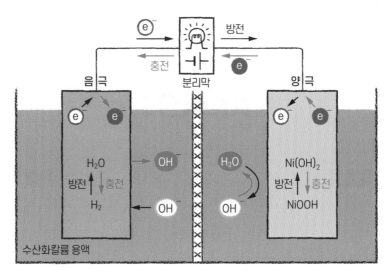

그림 3-10 **Ni-H₂ 전지의 전지반응**

《음극》 $H_2 + 2OH^- \rightleftarrows 2H_2O + 2e^-$

《양극》 $NiOOH + H_2O + e^- \rightleftarrows Ni(OH)_2 + OH^-$

겉보기로는 물은 발생하지 않으며, 전체 반응은 다음과 같이 쓸 수 있다.

《반응 전체》 $H_2 + 2NiOOH \rightleftarrows 2Ni(OH)_2$ (그림 3-10)

Ni-H₂의 공칭전압은 1.2V다. 표준환원전위로 전압을 구하면 H_2O/H_2는 약 -0.83V, $NiOOH/Ni(OH)_2$는 약 0.49V이므로 0.49 - (-0.83) = 1.32V가 된다.

Ni-H₂는 수명이 10년 정도이지만, 덩치가 크다 보니 부피당 에너지밀도가 낮다는 단점이 있다.

NAS전지

NAS전지의 정확한 명칭은 나트륨-황전지다. 음극 활물질로 나트륨, 양극 활물질로 황을 사용하는 2차전지다. 1967년에 미국의 포드자동차회사가 원리를 발표했으며, 일본의 도쿄전력과 니혼가이시가 사업화하여 2003년부터 양산을 시작했다. 사실 나트륨(원소기호 Na)과 황(원소기호 S)에서 따온 'NAS전지'라는 이름은 니혼가이시의 등록상표지만, 현재는 일반적으로 지칭할 때 널리 쓰이고 있다.

➕ 전극 활물질이 액체고 전해질이 고체

NAS전지의 전해질은 베타(β)알루미나라고 불리는 첨단 세라믹이다. 첨단 세라믹이란 재료의 성분비부터 제조공정까지를 고도로 제어해서 만든 고기능 세라믹을 가리킨다. 알루미나란 화학식이 Al_2O_3인 산화알루미늄을 뜻한다. 베타알루미나는 산화나트륨을 포함한 산화알루미늄으로, 화학식으로 나타내면 $Na_2O \cdot 11Al_2O_3$(β″알루미나는 $Na_2O \cdot 5\text{-}7Al_2O_3$)다.

NAS전지는 전극 활물질이 액체이며 전해질이 고체인데, 이것은 지금까지 소개했던 2차전지와 반대다. '전해질을 통해 이온이 이동해야 할 텐데 고체여도 괜찮을까'라는 의구심이 들겠지만, 실제로는 전혀 문제없다. 베타알루미나의 결정 내부를 나트륨원자와 전자는 통과할 수 없지만, 나트륨이온은 통과할 수 있기 때문이다(⇒155).

또한, 전해질이 고체이므로 분리막이 필요 없다.

✛ NAS전지의 구조

단전지(셀)는 3층 구조로 이루어져 있다. 안쪽부터 음극인 나트륨, 전해질인 베타알루미나, 양극인 황이 전지용기에 수납되어 있다(그림 3-11). 이 셀을 수십 개에서 수백 개 연결하면 대용량 전지(모듈전지)가 된다. 현재 운용되는 NAS전지를 사용한 대규모 전력저장설비에는 수많은 모듈전지를 채워넣은 유닛이 늘어서 있으며, 이 유닛의 수를 조절함으로써 용량을 바꿀 수 있다.

NAS전지는 약 300℃라는 고온 상태에서 작동한다. 나트륨금속의 녹는점이 약 97.8℃이고 황의 녹는점이 약 115.2℃이므로, 300℃의 작동온도에서는 두 활물질 모두 녹아서 액체 상태로 존재한다.

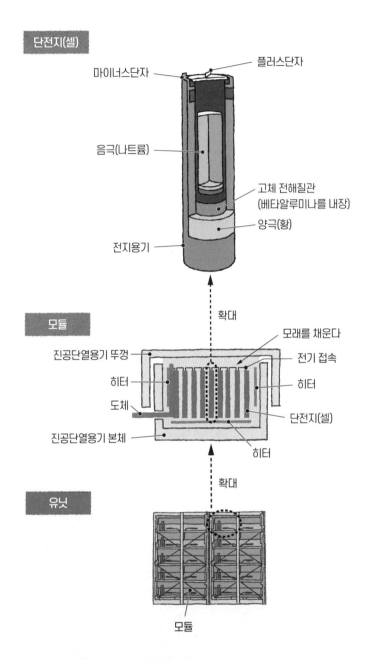

마이너스단자

플러스단자

음극(나트륨)

고체 전해질관
(베타알루미나를 내장)

양극(황)

전지용기

확대

모듈

모래를 채운다

진공단열용기 뚜껑

전기 접속

히터

히터

도체

단전지(셀)

진공단열용기 본체

히터

확대

유닛

모듈

그림 3-11 **NAS전지의 구조와 시스템**

✛ NAS전지의 전지반응

NAS전지에서는 음극인 나트륨의 전자에너지가 더 높으므로, 방전할 때는 나트륨이 산화해서 나트륨이온이 된다. 방출된 전자가 외부 회로를 통해 양극으로 이동하는 한편, 나트륨이온도 고체 전해질을 통과하여 양극으로 향한다. 그리고 양극 활물질인 황과 전자와 나트륨이온이 결합하여 다황화나트륨(Na_2S_X)으로 환원된다. 충전할 때는 각 전극에서 역반응이 일어난다.

따라서 음극과 양극의 전지반응은 다음과 같다.

《음극》 $Na \rightleftarrows Na^+ + e^-$

《양극》 $5S + 2Na^+ + 2e^- \rightleftarrows Na_2S_5$

음극 반응식의 양변에 2를 곱하여 전체 반응을 다음과 같이 나타낼 수 있다.

《반응 전체》 $2Na + 5S \rightleftarrows Na_2S_5$ (그림 3-12)

단, 과방전 상태가 이어지면 [$Na_2S_5 \rightarrow Na_2S_2$]라는 반응이 진행되는데, Na_2S_2는 충전해도 Na와 S로 잘 돌아가지 않으므로 과방전하지 않도록 조심해야 한다. NAS단전지의 공칭전압은 2.1V다.

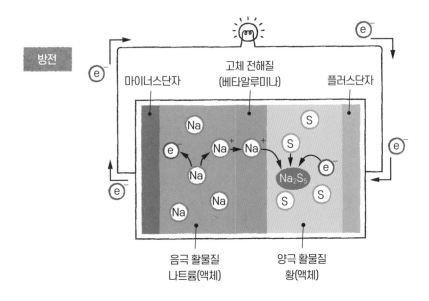

마이너스단자 　　고체 전해질　　 플러스단자
　　　　　　　（베타알루미나）

음극 활물질　　　　양극 활물질
나트륨(액체)　　　　황(액체)

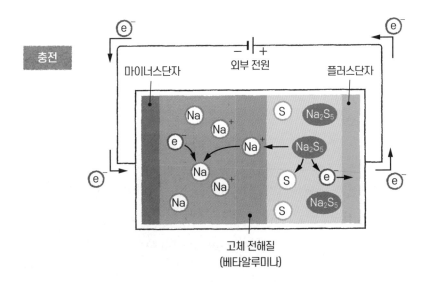

충전

마이너스단자　　외부 전원　　플러스단자

고체 전해질
（베타알루미나）

그림 3-12 **NAS전지의 전지반응**

✚ NAS전지의 장단점

NAS전지는 이미 자연에너지의 전력부하 평준화에서 활약하고 있다. 전력 수요는 시간대와 계절에 따라 변화하는데, 전력부하 평준화란 수요가 적을 때 전력을 저장하고 수요가 많을 때 이용함으로써 부하를 되도록 균일하게 만드는 일이다. 또한 NAS전지는 성능을 더 올릴 수 있을 것이라는 기대를 받고 있으며, 현재도 활발하게 연구되고 있다.

NAS전지의 주요 장단점을 정리하면 다음과 같다.

【장점】

• 대용량이며 고출력이다. 게다가 납축전지보다 저렴하다.
• 에너지밀도가 납축전지의 약 3배로, 리튬이온전지와 비교해도 손색이 없다.
• 내구성이 높고 내용연수가 15년 이상이다. 사이클수명⟨⇨p190⟩도 길다.
• 자체방전이 적고 전력을 오랫동안 저장할 수 있다.
• 메모리효과⟨⇨p193⟩가 없다.

【단점】

• 일정한 출력을 지속해서 낼 수 있으나, 거대한 출력을 한 번에 내지는 못한다.
• 온도를 약 300℃로 유지하기 위한 설비와 구조물이 필요하다.
• 나트륨과 황이 재료이므로 불이 나면 물로 끌 수 없다.
• 과거에 화재가 일어난 사례가 있다.

7

산화환원 흐름 전지

산화환원 흐름 전지는 NAS전지와 마찬가지로 대규모 전력저장용으로 쓰이는 전지다. 산화환원 흐름 전지는 레독스 흐름 전지라고도 하는데, 레독스 redox란 '환원과 산화reduction and oxidation'를 줄여서 만든 조어다. 그리고 이름의 '흐름'은 전해액의 흐름을 가리킨다. 즉, 산화환원 흐름 전지란 전해질의 흐름 속에서 일어나는 산화환원 반응을 통해 전기를 만드는 전지다.

✛ 전해액이 활물질이다!

산화환원 흐름 전지가 NAS전지를 포함한 다른 2차전지와 다른 점은, 액체인 전해질(전해액) 자체에 양극과 음극의 활물질이 포함되어 있다는 점이다. '전해액이 활물질이다'라고 하면 좀 더 알기 쉬울 수도 있겠다. 일반적으로 매질로는 묽은황산을 사용한다.

일반적인 2차전지에서는 충전이나 방전을 할 때 고체인 활물질이 전해질에 녹아 이온이 되거나 그 이온이 석출된다. 하지만 산화환원 흐름 전지에서는 처음부터 금속이온이 전해액 속에 녹아 있으며, 석출되는 일 없이 이온인 채로 산화환원되면서 충전과 방전이 일어난다.

고체 상태인 전극이나 활물질과는 달리, 액체 활물질은 충·방전을 되풀이해도 변형되지 않아 오랫동안 안정적으로 쓸 수 있다.

산화환원 흐름 전지의 원리는 1974년에 나사(NASA, 미국항공우주국)에서 처음 발표했으며 각국에서 개발이 시작되었다. 처음에는 철-크롬 계통의 활물질이 연구되었지만, 현재는 바나듐계 활물질을 사용한 전지가 실용화되었다. 따라서 바나듐 산화환원 흐름 전지를 중심으로 소개하겠다.

✚ 전지의 구성과 셀의 구조

산화환원 흐름 전지는 상당히 규모가 큰 장치다. 전지반응의 무대인 셀이 층층이 쌓여 있는 셀스택, 전해액을 저장하는 탱크, 전해액을 순환시키기 위한 펌프, 외부의 교류회로와 연결하기 위한 인버터 등으로 이루어져 있다(그림 3-13). 인버터란 직류를 교류를 변환해주는 장치다.

산화환원 흐름 전지는 펌프를 이용해 탱크에 채운 전해액을 전지셀에 순환시켜서 발전한다. 전지반응의 주인공인 전해액은 일반적으로 산화황산바나듐의 수화물($VOSO_4 \cdot nH_2O$)을 매질인 묽은황산에 녹여서 4가 바나듐이온 용액으로 만든 다음, 이를 전기분해해서 다른 가수의 바나듐이온 용액을 만든

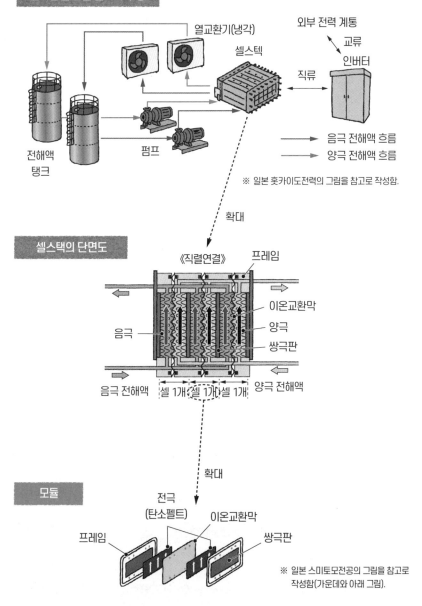

그림 3-13 **산화환원 흐름 전지의 시스템 구성**

다. 그리고 이 이온들이 활물질이 된다.

양극과 음극 모두 활물질과 전자를 주고받는 전극(집전체)으로 탄소펠트를 사용한다. 이것은 탄소섬유로 만든 천 같은 물질이다.

음극과 양극의 전해액은 이온교환막으로 분리된다. 이온교환막은 일종의 분리막으로 양이온만을, 혹은 음이온만을 선택적으로 통과시킬 수 있다. 산화환원 흐름 전지의 이온교환막은 수소이온(H^+)을 통과시킨다.

두 탱크에 담긴 음극과 양극의 전해액은 분리막으로 나뉜 양쪽에서 펌프에 의해 따로따로 흐르며, 셀스택과 탱크 사이를 순환한다.

✚ 산화환원 흐름 전지의 전지반응

산화황산바나듐($VOSO_4$)이 전기분해되면서 음극에서는 $VO^{2+} \rightarrow V^{2+} \rightarrow V^{3+}$라는 2단계 산화반응이 일어나며, 전지반응은 $V^{2+} \rightleftarrows V^{3+}$라고 쓸 수 있다. 한편으로 양극에서는 $VO_2^+ \rightarrow VO^{2+}$라는 환원반응이 일어난다.

따라서 방전하기 전 음극 전해질에는 V^{2+}가, 양극 전해질에는 VO_2^+가 들어 있으며 충·방전 시에는 다음과 같은 전지반응이 일어난다.

《음극》 $V^{2+} \rightleftarrows V^{3+} + e^-$

《양극》 $VO_2^+ + 2H^+ + e^- \rightleftarrows VO^{2+} + H_2O$

따라서 전지반응 전체는 다음과 같다.

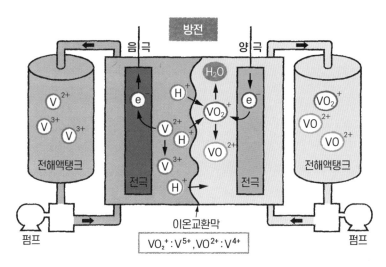

음극에서는 2가 바나듐이온이 3가로 산화하며,
양극에서는 5가 바나듐이온이 4가로 환원된다.

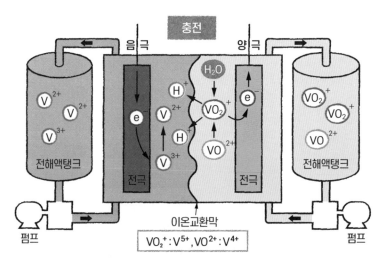

음극에서는 3가 바나듐이온이 2가로 환원되며,
양극에서는 4가 바나듐이온이 5가로 산화한다.

그림 3-14 **산화환원 흐름 전지의 전지반응**

《반응 전체》 $V^{2+} + VO_2^+ + 2H^+ \rightleftarrows V^{3+} + VO^{2+} + H_2O$ (그림 3-14)

산화환원 흐름 전지에서는 이온의 산화환원 반응으로 전압이 발생하므로, 바나듐이온처럼 가수가 다른 이온이 여러 종류 존재하는 원소만 활물질로 쓸 수 있다. 참고로 단전지(셀)의 공칭전압은 1.4V다.

산화환원 흐름 전지의 주요 장단점은 다음과 같다.

【 장점 】

• 기체가 발생하지 않으며 안전성이 높다.

• 음극과 양극의 탱크가 나뉘어 있어서 자체방전이 없고 수명이 길다.

• NAS전지와 마찬가지로 대규모 전력저장용으로 적합하며, NAS전지와 비교하면 실온에서 작동할 수 있다는 점이 유리하다.

【 단점 】

• 희소금속의 일종인 바나듐이 비싸다.

• 바나듐의 용해도에 한계가 있으므로 에너지밀도가 낮다.

• 펌프를 설치하고 가동하는 데 비용이 든다.

• 전해액을 담기 위한 탱크가 필요하므로 소형화하기 어렵다.

제브라전지

이번에 소개할 전지는 '제브라전지ZEBRA battery'라는 통칭으로 불리지만, 얼룩말zebra과는 아무 관계가 없다. 아마도 1985년에 남아프리카공화국에서 제브라전지를 발명한 연구자는 아프리카를 의식해서 이름을 지었을 것이다. 유래는 '제올라이트 전지 연구 아프리카 프로젝트Zeolite Battery Research Africa Project'다. 하지만 정작 전지에는 제올라이트가 쓰이지 않았다는 점 또한 신기하다. 제올라이트는 이산화규소(실리카)와 산화알루미늄(알루미나)이 주성분인 천연광물이다.

✛ 고체 전해질을 녹여서 사용하는 용융염전지

제브라전지는 음극 활물질로 나트륨, 양극 활물질로 염화니켈, 전해질로

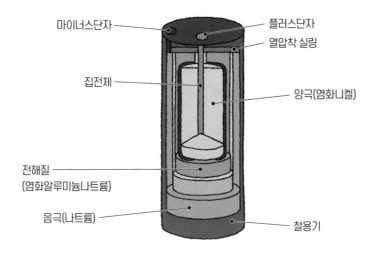

그림 3-15 **제브라전지(셀)의 구조**

고체인 염화알루미늄나트륨(NaAlCl₄)을 사용한 나트륨-염화니켈전지다(그림 3-15). 제브라전지는 용융염전지의 일종으로, 실온에서는 부도체인 고체 전해질이 양극과 음극의 활물질을 격리하므로 자체방전이 일어나지 않으며 장기 보존에 적합하다.

제브라전지는 고온 상태에서 운용한다. 전해질이 고체이고 고온에서 작동한다는 점은 NAS전지와 비슷하지만, 제브라전지의 전해질은 고온에서 녹아 액체가 된다. 전해질인 염화알루미늄나트륨(NaAlCl₄)는 양이온과 음이온이 결합한 이온 화합물(염)이며, 녹아서 액체가 되어야 전해질로 작용하여 나트륨 이온을 통과시킬 수 있다. 그래서 용융염전지라고 불리는 것이다.

제브라전지의 전해질인 염화알루미늄나트륨(NaAlCl₄)의 녹는점은 약 160℃ 지만, 보통은 NAS전지와 거의 비슷한 온도인 250~300℃에서 운용한다. 이 온도에서는 음극 활물질인 나트륨과 양극 활물질인 니켈도 녹아서 액체 상태

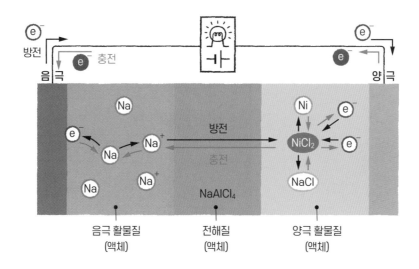

250~300℃의 고온 상태에서 활물질과 전해질은 모두 액체로 존재한다.

그림 3-16 **제브라전지의 전지반응**

로 존재한다.

충·방전 시에 각 전극에서 일어나는 전지반응은 다음과 같다.

《음극》 $Na \rightleftarrows Na^+ + e^-$

《양극》 $NiCl_2 + 2Na^+ + 2e^- \rightleftarrows 2NaCl + Ni$

음극 반응의 양변에 2를 곱하면 전지반응 전체를 다음과 같이 나타낼 수 있다.

《반응 전체》 $2Na + NiCl_2 \rightleftarrows 2NaCl + Ni$ (그림 3-16)

공칭전압은 약 2.9V다. 제브라전지는 잘 부식되지 않고 전지로서의 신뢰도가 높으며, 사이클 횟수가 많고 전지수명이 길다는 장점이 있다. 한편으로 NAS전지와 마찬가지로 고온에서 작동시키기 위한 설비와 운용비용이 든다는 것이 단점이다.

산화은 2차전지

9

1차전지인 산화은전지는 대부분 단추형 건전지이며, 공칭전압은 1.55V다. 방전하면서 전압이 거의 떨어지지 않아, 수명이 다하기 직전까지 공칭전압을 거의 그대로 유지할 수 있다. 1946년에 처음으로 실용화되어 오늘날까지 전자계산기, 손목시계, LED조명, 소형 전자기기 등에 널리 쓰여왔다.

산화은전지는 은-아연전지라고도 불린다. 음극 활물질로 아연, 양극 활물질로 산화은, 전해질로 수산화칼륨 용액이나 수산화나트륨 용액이 쓰인다(그림 3-17). 방전 시의 전지반응은 다음과 같다.

《음극》 $Zn + 2OH^- \rightarrow ZnO + H_2O + 2e^-$

《양극》 $Ag_2O + H_2O + 2e^- \rightarrow 2Ag + 2OH^-$

전도성이 그다지 좋지 않은 산화은(Ag_2O)에 비해, 방전하면서 늘어나는

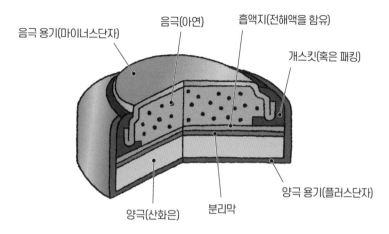

음극 용기(마이너스단자)　　음극(아연)　　흡액지(전해액을 함유)

개스킷(혹은 패킹)

양극(산화은)　　분리막

양극 용기(플러스단자)

그림 3-17 **산화은 1차전지의 구조**

은(Ag)은 전도성이 뛰어나므로 전압이 떨어지지 않는다.

　전지반응 전체는 다음과 같다.

《반응 전체》 Zn + Ag$_2$O → ZnO + 2Ag (그림 3-18)

➕ 원통형 2차전지인 산화은전지

　사실 산화은전지는 원래 2차전지로 개발하던 것이기도 해서, 어느 정도는 충전할 수 있다. 하지만 과충전하면 산소기체가 발생하여 전지가 팽창하고 파열할 우려가 있으므로, 1차전지로 판매하는 제품을 충전해서는 안 된다.

　그래서 산화은전지는 2차전지보다 1차전지로 먼저 보급되었다. 재료인 은이 비싸기도 해서 가격경쟁력 면에서도 은을 많이 쓰지 않는 작은 단추형 전

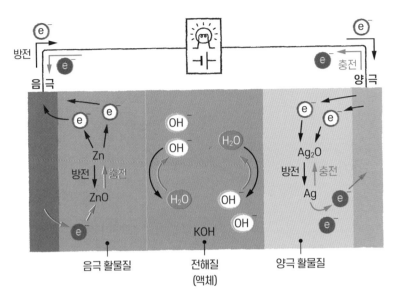

방전

음극

충전

양극

e⁻ Zn e⁻

방전 ↕ 충전

ZnO

e⁻

음극 활물질

OH⁻

OH⁻

H₂O

H₂O

OH⁻

OH⁻

KOH

전해질
(액체)

e⁻ e⁻

Ag₂O

방전 ↕ 충전

Ag

e⁻

e⁻

양극 활물질

※ 방전할 때의 반응은 1차전지에서도 똑같다.

그림 3-18 **산화은 2차전지의 전지반응**

지(1차전지)가 주류가 되었다.

하지만 산화은전지는 알칼리건전지보다 에너지밀도가 높고 자체방전이 없으며 전압이 안정적이라는 장점이 있어서, 2차전지 제품의 수요가 있다. 과거에 태양전지로 작동하는 손목시계(태양전지시계)의 축전지용으로 소형 2차전지 제품이 판매된 적도 있다. 또한, 가격보다 성능을 중시하는 특수한 용도에 쓰기 위한 대형 제품도 개발되었다. 예를 들어 미사일, 로켓, 심해 탐사선 등에서 쓰는 전지다. 다만 충전할 때 덴드라이트⟨⇒p196⟩가 발생하는 문제가 있어서, 현재는 성능 면에서 더 뛰어난 리튬계 전지로 대체되고 있다.

산화은 2차전지가 방전할 때의 반응은 1차전지와 똑같으며, 충전할 때는 역반응이 일어난다(그림 3-18).

처음 읽는 2차전지 이야기

2차전지의 충전

2차전지의 충전은 방전의 역반응이다. 그런데 충전에도 종류가 있다. 언제 충전할지, 얼마나 전압을 걸지, 얼마나 전류를 흘릴지 등에 따라 다양한 방법이 있다.

✚ 사이클 충전과 트리클 충전

우리가 평소에 스마트폰을 어떻게 사용하는지 떠올려보자. 보통은 밖에서 스마트폰을 사용하다가 집에 들어가서 충전을 한다. 이런 충전방식을 사이클 충전방식이라고 한다. 즉, 어느 정도 방전한 다음 충전하기를 되풀이하는 방식이다.

스마트폰을 충전기에 연결한 순간부터 스마트폰에 들어 있는 2차전지에 전류

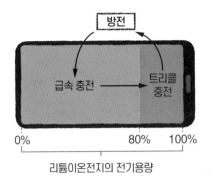

충전할 때 전기용량의 80%까지 급속
충전하며, 그 후로는 저속인 트리클
충전으로 전환한다.

방전

급속 충전 → 트리클
충전

0%　　　　　　80%　　100%

리튬이온전지의 전기용량

그림 3-19 **아이폰의 사이클 충전**

가 흘러서 빠르게 충전이 진행된다. 그리고 완전히 충전되면 전류가 멈출 것이라
고 생각하기 쉽지만, 실제로는 미약한 전류가 계속 흘러서 충전이 이어진다. 이
'미약한 전류에 의한 충전'을 트리클 충전방식(혹은 미세전류 충전)이라고 한다.

2차전지는 1차전지보다 자체방전이 일어나기 쉬워서, 내버려두면 점점 전
기용량이 줄어든다. 트리클 충전은 그렇게 방전되는 분량을 보충해줌으로써
항상 완전 충전 상태를 유지할 수 있게 해준다. '트리클trickle'이란 영어로 '액
체가 조금씩 흐르는' 모양을 나타내는 말이다.

다만, 스마트폰 기종에 따라서는 완전 충전 상태의 80% 정도가 되면 트리
클 충전으로 전환하기도 한다(그림 3-19).

✚ 자동차배터리 충전

트리클 충전과 유사한 충전방식으로 부동 충전방식(혹은 플로트 충전, 플로팅 충
전)이 있다. 이것은 자동차배터리(납축전지) 등을 충전하는 방법이다. 자동차에

① 트리클 충전회로

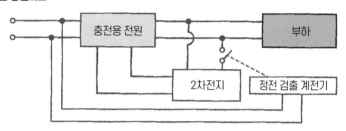

외부 전력이 정지하면 2차전지가 부하에
전력을 공급한다.

② 부동 충전회로

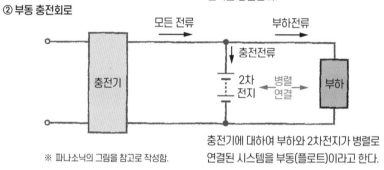

※ 파나소닉의 그림을 참고로 작성함.

충전기에 대하여 부하와 2차전지가 병렬로
연결된 시스템을 부동(플로트)이라고 한다.

그림 3-20 **트리클 충전회로와 부동 충전회로**

탑재된 발전기는 엔진이 돌아갈 때 발전하는데, 그 일부를 충전에 사용하는
기술이 부동 충전방식이다.

　부동 충전 덕분에 자동차배터리는 언제나 완전 충전에 가까운 상태를 유지
할 수 있다. 자동차를 오랫동안 방치하면 배터리가 방전되는 이유는, 부동 충
전을 하지 않은 채 자체방전만 계속 진행되었기 때문이다.

　트리클 충전에서는 외부 전력이 일을 하는 부하 회로와 2차전지를 충전하
는 회로가 분리된 반면, 부동 충전에서는 부하와 2차전지가 병렬로 연결되어
있어서 외부 전력이 일을 하는 동시에 2차전지를 충전한다(그림 3-20).

✚ 충전전압·전류에 따른 충전방법

2차전지를 충전하기 위해 외부에서 전압을 걸고 전류를 흘리는 데에는 다음 ①~⑤의 방법이 있다(그림 3-21).

① 정전압 충전법(CV 충전법)

2차전지에 가하는 전압을 일정하게 유지하는 충전법이다. 충전 초기에는 강한 전류가 흐르며, 충전이 진행될수록 점점 약해진다. 전지의 온도가 지나치게 상승하거나 전극판이 손상되는 일을 막기 위해 충전 초기에는 낮은 전압을 걸었다가 점차 전압을 올리는 다단식 충전법도 있다. CV는 '일정한 전압Constant Voltage'의 머리글자다.

또한, 정전압 충전법의 변형으로 준정전압 충전법이 있다. 준정전압 충전법이란 전압이 상승한 충전 말기에 전류를 약하게 만들어서 과충전을 막는 방식으로, 일반적인 충전기에서 널리 쓰인다.

② 정전류 충전법(CC 충전법)

전류를 일정하게 유지해서 충전하는 방법이다. 충전이 진행될수록 단자전압이 상승하며, 비교적 작은 정전류로 과충전을 방지하면서 충전하는 방법이다. 단계적으로 전류를 약하게 만드는 다단식 방법도 있다. 정전압 충전법보다 짧은 시간에 완전히 충전할 수 있어서 니카드전지나 니켈-수소전지에서 쓰여왔다. CC는 '일정한 전류Constant Current'의 머리글자다.

또한, 정전류 충전법의 변형인 준정전류 충전법도 널리 쓰이고 있다. 준정전류 충전법이란 충전이 진행되면서 단자전압이 상승하여, 이에 따라 충전전류

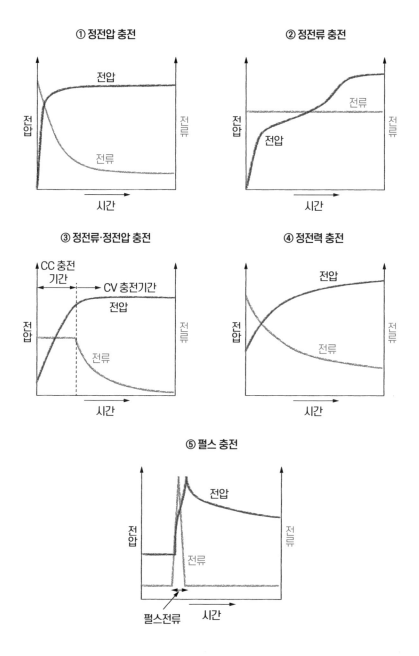

① 정전압 충전

② 정전류 충전

③ 정전류·정전압 충전

④ 정전력 충전

⑤ 펄스 충전

그림 3-21 **충전전압·전류에 따른 충전방법 분류**

도 감소하는 방식이다.

③ 정전류 · 정전압 충전법(CC-CV 충전법)

정전압 충전과 정전류 충전의 단점을 개선한 방법으로, 충전 초기에는 정전류 충전으로 빠르게 충전하다가 나중에 정전압 충전으로 전환하는 방법이다. 과충전을 방지할 수 있으며 리튬이온전지〈⇒p220〉에서 쓰고 있다. 또한, 정전류→정전압(CC→CV) 후에 다시 정전류(CC)로 전환하는 방법도 보급되어 있다.

④ 정전력 충전법(CP 충전법)

충전 초기에는 전압이 낮으므로 강한 전류로, 전압이 상승하면 약한 전류로 충전하여 전력(전류 × 전압)을 일정하게 유지하는 충전법이다. CP는 '일정한 전력Constant Power'의 머리글자다.

⑤ 펄스 충전법

전류가 계속 흐르지 않고 규칙적으로 끊기는 주기적인 펄스전류로 충전한다. 전류가 흐르지 않는 동안에 전해액이 확산하여 균일해지며, 황산화〈⇒p119〉를 막는 효과도 있어서 충전효율이 높다는 이점이 있다.

스마트폰과 전기자동차의 급속 충전

스마트폰을 쓰다보면 배터리가 얼마나 남았는지 신경을 쓰게 된다. 외출 중에 배터리가 다 닳아버리기라도 하면 정말 곤란하기 때문이다. 그런 불안을 해소하기 위해 휴대용 충전기를 가지고 다니는 사람도 많다. 처음부터 아예 스마트폰의 배터리 용량을 더 크게 만들면 어떨까 하는 생각이 들겠지만, 그러면 스마트폰의 크기가 커지고 충전시간도 더 길어진다.

현재는 AC어댑터와 충전기뿐만 아니라 PC의 USB단자를 통해서도 스마트폰을 충전할 수 있다. USB(범용 직렬 버스, Universal Serial Bus)란 컴퓨터와 주변기기를 연결하여 데이터 통신을 하기 위한 규격 중 하나다. 최근에는 전송할 수 있는 전력량이 늘어난 USB 규격이 등장하여 스마트폰 충전속도가 향상되었다. 참고로 휴대전화용 배터리는 초기에는 1차전지였고 이어서 니카드전지와 니켈-수소전지가 쓰였지만, 현재는 대부분 리튬이온전지⟨⇨p220⟩가 쓰인다.

✚ 18W로 급속 충전하는 스마트폰

스마트폰 충전에 관해서는 USB 외에도 애플과 퀄컴 등의 제조사에 다양한 독자 규격이 있지만, 여기서는 USB 규격에 대해 소개하겠다.

USB는 1996년에 탄생한 이후 데이터 전송속도를 비약적으로 늘려왔다(표 3-4). 처음에는 송전능력을 중시하지 않았으나, 2007년에 처음으로 전력을 의식한 규격인 'USB BC$^{Battery\ Charging\ Specification}$'가 등장했다. 이 덕분에 원래 4.5W였던 송전능력이 7.5W가 되어 USB 송전이 점점 보급되었다. 표 3-4를 보면 2000년에 발행된 USB2.0(규격명)에 'USB BC'가 포함되어 있는데, 이것은 나중에 채용된 것이다. 다른 송전규격도 마찬가지다.

그 후 2014년에 사양이 결정된 송전규격인 'USB Type-C'에서는 15W까지 전력을 공급할 수 있게 되었다. 그리고 현시점의 송전능력은 2012년에 발표된 'USB PD$^{Power\ Delivery}$'가 가장 큰데, 무려 100W까지 전송할 수 있다. 100W는 랩톱컴퓨터나 프린터를 작동시킬 수 있는(충전이 아니다) 큰 전력이다. 하지만 스마트폰을 충전하기에는 지나치게 커서, 스마트폰의 리튬이온전지가 전력을 감당하지 못하고 폭발하고 만다. 그래서 현재 스마트폰은 18W 정도로 급속 충전한다.

표 3-5에 USB의 송전능력(W)과 '아이폰 11 프로 맥스'의 충전시간의 예를 실었다. 케이블은 애플에서 추천하는 것을 사용했으며, 충전시간은 대략적인 값이다.

표 3-4 USB별 데이터 전송속도와 송전능력

규격명	출시연도	최대 데이터 전송속도	송전규격	송전능력(W)
USB1.0	1996	12Mbps	USB1.0	2.5
USB1.1	1998	12Mbps	USB1.0	2.5
USB2.0	2000	480Mbps	USB2.0	2.5
			USB BC	7.5
			USB Type-C	7.5, 15
			USB PD	최대 100
USB3.2 (GEN1)	2008	5Gbps	USB3.0	4.5
			USB BC	7.5
			USB Type-C	7.5, 15
			USB PD	최대 100
USB3.2 (GEN2)	2013	10Gbps	USB3.1	4.5
			USB BC	7.5
			USB Type-C	7.5, 15
			USB PD	최대 100
USB3.2 (GEN1×2)	2017	10Gbps	USB Type-C	7.5, 15
			USB PD	최대 100
USB3.2 (GEN2×2)	2017	20Gbps	USB Type-C	7.5, 15
			USB PD	최대 100
USB4 (GEN3)	2019	20Gbps	USB Type-C	7.5, 15
			USB PD	최대 100
USB4 (GEN3×2)	2019	40Gbps	USB Type-C	7.5, 15
			USB PD	최대 100

※ GEN은 '세대Generation'의 머리글자다. ×2는 데이터 전송 레인이 2개 있다는 뜻이다.
※ Mbps는 '메가비트/초'를 뜻한다. Gbps는 기가비트/초'이며, W는 '와트'다.
※ Type-C는 커넥터규격이다. mini와 micro는 생략했다.

표 3-5 **USB에 의한 송전능력과 '아이폰 11'의 충전시간**

송전능력	충전시간		
	50%	80%	100%
5W	150분	200분	300분
7.5W	80분	170분	240분
12W	50분	80분	150분
18W	30분	60분	120분

※ 완전히 방전한 상태에서 50%, 80%, 100%까지 충전하는 데 걸리는 대략적인 시간이다.
※ '아이폰 11'은 리튬이온전지를 사용한다.

✚ 전기자동차의 일반 충전과 급속 충전

스마트폰보다 충전시간에 더 민감한 것은 전기용량이 훨씬 큰 전기자동차다. 그래서 전기자동차의 급속 충전에 관한 연구도 더 활발하다. 현재 전기자동차의 충전방법은 충전장소의 관점에서 다음과 같이 분류할 수 있다(그림 3-22). (전기자동차의 충전장소, 충전시간 등의 내용은 일본 상황을 토대로 설명한 것이며 우리나라는 이와 다를 수 있다-편집자)

① 기초 충전
② 경로 충전
③ 목적지 충전

① 기초 충전

단독주택이나 다세대주택 같은 개인적인 공간에서 하는 충전이다. 가정용 AC전원을 사용하여 일반 충전기로 10~20시간 동안 완전 충전한다.

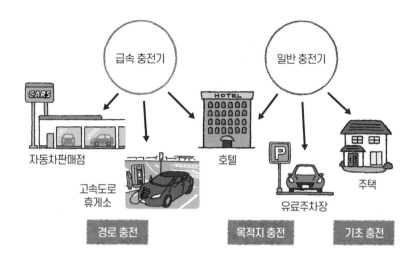

그림 3-22 **전기자동차의 충전장소**

② 경로 충전

고속도로와 일반 도로의 휴게소, 자동차판매점, 주유소 등 주행경로상에 있는 공개적인 장소에서 하는 충전이다. 급속 충전기를 사용하여 큰 전력으로 짧은 시간 동안 빠르게 충전한다.

③ 목적지 충전

사무실, 호텔, 상업시설, 공항주차장 같은 공개적인 장소에서 하는 충전이다. 시설의 특성에 따라 일반 충전기를 사용하기도 하고 급속 충전기를 사용하기도 한다. 그런데 사실 일반 충전(혹은 보통 충전)과 급속 충전을 나누는 명확한 기준은 없다. 이것은 스마트폰 충전도 마찬가지다.

다만 전기자동차에서는 가정에 설치할 수 있는 AC200V(혹은 AC100V) 충전기를 일반 충전기라 부르며, 자동차판매점이나 주유소 등에 설치하는

표 3-6 **전기자동차용 일반 충전기와 급속 충전기의 예시**

	일반 충전기		급속 충전기	
	—	배속형	중용량형	대용량형
전압	AC100V	AC200V	DC500V	DC500V
전류	15A	15A	60A	125A
전력	1.5kW	3kW	20kW	50kW
완전 충전	약 20시간	약 10시간	—	—
80% 충전	—	—	30분~1시간	15~30분

※ 충전시간은 닛산 리프(30kWh)의 대략적인 값이다.
※ AC는 교류, DC는 직류를 뜻한다.

DC500V 충전기를 급속 충전기라 부른다(표 3-6). 해외에는 더 다양한 규격

이 있다.

무선 충전 기술

군이 외부 전원·충전기를 케이블로 연결하거나 단자를 접촉하지 않아도 2차전지는 충전할 수 있다. 이미 전기면도기, 전동칫솔, 스마트폰 중에는 그런 식으로 충전하는 제품이 나와 있다. 전원과 직접 접촉하지 않은 채로 충전하는 일을 무선 충전(혹은 비접촉 충전)이라고 한다.

단, 엄밀하게 말하면 무선 충전은 '전지를 충전하는 방법'이 아니라 전지를 충전하기 위한 '전력을 공급하는 방법'이다. 따라서 무선 송전이나 비접촉 송전이라고 부르는 편이 더 적절할지도 모르겠다(그림 3-23).

무선 송전은 전자제품에서 전기코드를 제거할 수 있을 뿐만 아니라 전지 단자가 노출되지 않아 물이나 땀에 젖어서 단락될 우려가 없다. 무선 송전에는 아직 연구 단계인 기술까지 포함해서 크게 4가지 방식이 있다.

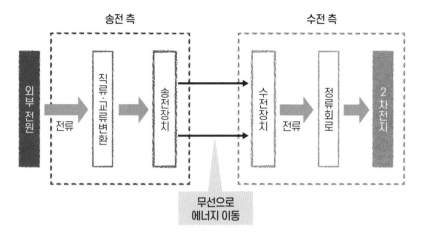

송전 측　　　　　　　　　　　수전 측

외부전원 → 전류 → 직류·교류변환 → 송전장치 ⇒ 무선으로 에너지 이동 ⇒ 수전장치 → 전류 → 정류회로 → 2차전지

그림 3-23 **무선 송전의 시스템 개념도**

✚ 무선 송전의 종류

① 전자기 유도 방식(자기장 결합 방식)

앞에서 언급한 전기면도기 등에서 쓰이는 기술이며, 현재 가장 널리 보급된 방식이다. 전자기 유도란 쉽게 말해, 전도성 코일의 자기다발(자기선속)이 변화하면 코일에 유도전류가 흐르는 현상이다. 반대로 코일에 전류를 흘리면 자기다발이 발생한다. 그래서 코일 두 개를 서로 가까이 배치한 다음 한쪽 코일(송전 측)에 전류를 흘리면 자기다발이 발생하여 이웃 코일(수전 측)을 관통한다. 그러면 수전 측 코일에 그 자기다발을 상쇄하는 방향으로 유도전류가 흐르므로(그림 3-24), 이 전류로 2차전지를 충전하는 것이다. 참고로 전자기 유도 방식의 송전은 변압기와 원리가 똑같다.

현재 전기자동차 업계에서는 무선 송전을 적극적으로 도입하고 있으며, 유럽 일부 도시에서는 이미 전자기 유도 방식으로 전기버스에 무선 송전을 하고

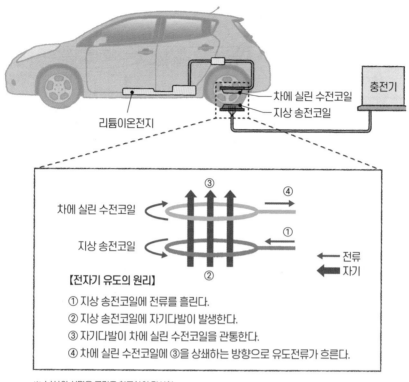

【전자기 유도의 원리】

① 지상 송전코일에 전류를 흘린다.
② 지상 송전코일에 자기다발이 발생한다.
③ 자기다발이 차에 실린 수전코일을 관통한다.
④ 차에 실린 수전코일에 ③을 상쇄하는 방향으로 유도전류가 흐른다.

※ 닛산의 설명용 그림을 참고하여 작성함.

그림 3-24 **전자기 유도 방식에 의한 전기자동차 무선 송전**

있다. 단, 송전 측 코일과 수전 측 코일이 아주 가까운 곳에 있지 않으면 전력을 거의 전송할 수 없다는 것이 전자기 유도 방식의 단점이다. 양자의 거리는 수 센티미터에서 십수 센티미터 정도가 한계다. 게다가 두 코일이 서로 마주 보는 방향이어야 하므로, 전기자동차에 무선 송전하려면 정해진 위치에 정확하게 주차해야만 한다.

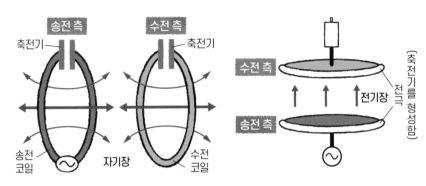

특정 진동수로 진동 ⇒ 공진하여 전류가 흐른다.

그림 3-25 **자기공명 방식의 원리**   그림 3-26 **전기장 결합 방식의 원리**

② 자기공명 방식(자기장 결합 방식)

자기공명 방식은 전자기 유도 방식과 마찬가지로 자기장 결합 방식의 일종
이다. 송전 측 코일과 수전 측 코일을 사용하지만, 전력을 전송하는 원리는 전
자기 유도 방식과 전혀 다르다. 전자기 유도 방식에서는 자기다발이 에너지를
전송했지만, 자기공명 방식에서는 자기장의 진동이 에너지를 전송한다. 똑같
은 고유진동수를 지니는 두 물체가 가까이 있을 때, 한쪽이 진동하면 다른 한
쪽도 진동한다. 이것을 공진현상 또는 공명현상이라고 하는데, 자기장의 진동
에서도 똑같은 현상이 일어난다.

코일과 축전기로 만든 똑같은 공진회로를 송전 측과 수전 측 양쪽에 설치
한 다음, 송전 측에 전류를 흘리면 발생한 자기장의 진동에 수전 측의 공진회
로가 공명하여 수전 측에도 전류가 흐른다(그림 3-25). 자기공명 방식으로는 수
미터 거리까지 전력을 전송할 수 있다.

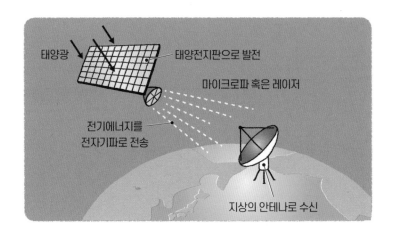

그림 3-27 **우주 태양광발전의 상상도**

③ 전기장 결합 방식

자기장 결합 방식에서 자기다발이나 자기장이 에너지를 운반했듯이, 전기장 결합 방식에서는 전기장이 에너지를 운반한다. 송전 측과 수전 측의 전극을 서로 마주 보게 배치한 다음, 송전 측 전극에 고주파전류를 흘리면 수전 측에도 전류가 흐른다(그림 3-26). 전극을 마주 보게 놓는 일은 축전기(콘덴서, 커패시터)를 형성하는 것과 같다.

④ 전자기파 수신 방식

전자기파로 송전하는 방식으로는 주로 마이크로파를 사용하는 방법과 레이저를 사용하는 방법이 있다. 마이크로파를 사용하는 방법은 송전 측에서 전류를 마이크로파로 변환하여 발사하고 이것을 안테나로 수신해서 직류전류로 변환하는 방식이다. 레이저를 사용하는 방법은 마이크로파 대신 레이저로 에너지를 전송한다. 전자기파 수신 방식은 전송거리가 길지만, 전송효율이

표 3-7 **무선 송전 방식의 특징(현재)**

| | 비방사형(결합형) | | | 방사형(전자기파 수신 방식) | |
| | 자기장 결합 방식 | | 전기장 결합 방식 | 마이크로파 등 | 레이저 |
	전자기 유도 방식	자기공명 방식			
전송거리	X (~수 센티미터)	O (~수 센티미터)	X (~수 센티미터)	O (~수 미터)	O (~수 미터)
7.5W	O (~90%)	△ (~60%)	O (~90%)	X (~50%)	X (~50%)
12W	O (~수 킬로와트)	O (~수 킬로와트)	◎ (~수백 와트)	X (~1와트)	X (~1와트)

※ ◎: 특히 우수함, O: 우수함, △: 보통, X: 부족함

낮고 비용도 많이 든다는 단점이 있다.

하지만 최근에는 전력손실을 줄이는 기술이 발전하면서 전자기파 송전의 가능성이 점차 넓어지고 있다. 우주에서 태양광발전으로 얻은 전력을 마이크로파나 레이저로 지구에 전송하는 것을 목표로 연구가 진행되고 있다(그림 3-27).

전력을 초음파로 변환하여 전송하는 시스템도 연구개발 중이다. 초음파는 전자기파보다 안전하기 때문에, 사람 몸속에 삽입한 의료기기에 송전하는 기술로 검토되고 있다.

무선 송전 방식(①~④)의 특징을 표 3-7에 정리했다.

충전효율과 사이클수명

충전효율과 사이클수명은 2차전지의 성능을 평가하는 아주 중요한 기준이다.

✚ 충전효율

충전효율이란 충전한 전기량에 대한 방전 가능한 전기량의 비율을 뜻하며 (그림 3-28), 다음 식으로 구할 수 있다.

충전효율(%) = 방전 가능 전기량(Ah) ÷ 충전 전기량(Ah) × 100

일반적인 전기량의 단위는 쿨롱(C)이지만, 전지에서는 보통 암페어시(Ah)를

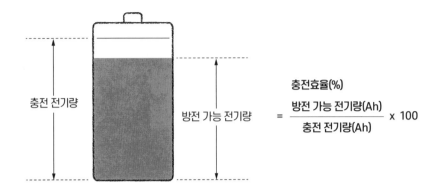

충전효율(%)

$$= \frac{\text{방전 가능 전기량(Ah)}}{\text{충전 전기량(Ah)}} \times 100$$

그림 3-28 **충전효율**

사용하고, 1C = 1As다.

충전효율은 충·방전효율(혹은 쿨롱효율)이라고도 하지만, 의미를 고려하면 방전효율이라고 부르는 편이 더 알기 쉽겠다. 충전효율이 높은 전지는 저장한 전기를 덜 낭비하므로 성능이 좋은 2차전지라고 할 수 있다(표 3-8).

✚ 사이클수명 시험

사이클수명은 전지의 수명(내구력)을 나타내는 척도다. 방전부터 충전까지를 1사이클이라고 했을 때, 전지가 열화하여 더는 쓸 수 없을 때까지 사이클을 반복한 횟수가 사이클수명이다. 사이클수명이 긴 것이 성능이 좋은 2차전지다(표 3-8).

사이클수명이 얼마나 긴지를 측정하는 시험은 일반적으로 1C 방전과 1C 충전을 반복하여 진행한다. 1C의 'C'는 쿨롱이 아니라 '커패시티Capacity'의 머

표 3-8 **주요 2차전지의 충전효율과 사이클수명**

2차전지	충전효율(%)	사이클수명(회)	캘린더수명(년)	이 책의 페이지
납축전지	70~92	3000~	17	106쪽
니켈-카드뮴전지	70~90	500~2000	20	133쪽
니켈-아연전지	75	200~1000	12~15	139쪽
니켈-수소전지	85	500~2000	5~7	143쪽
나트륨-황전지(NAS전지)	89~92	4500~	15	152쪽
산화환원 흐름 전지	75~80	~10000	6~20	158쪽
제브라전지	90~	2000~	8~	164쪽
산화은 2차전지	90~	~400	5~10	168쪽
리튬이온전지	80~90	300~4000	6~10	220쪽
리튬폴리머 2차전지	90~	300~	6~10	258쪽

※ 정확한 수치는 제조사와 제품에 따라 다르므로, 어디까지나 대략적인 값이다.

리글자이며, 1C는 '그 전지가 딱 1시간 만에 방전을 종료하는 전류의 크기'를 뜻한다. 2C는 30분, 0.2C는 5시간 만에 방전이 끝나는 전류의 크기에 해당한다.

예를 들어 공칭 전기용량이 2.5Ah인 2차전지라면 1C는 다음과 같다.

1C = 2.5Ah ÷ 1h = 2.5A

즉, 2.5Ah의 2차전지의 사이클수명을 조사할 때는 2.5A의 전류로 충전과 방전을 반복한다.

　전지의 수명을 나타내는 다른 척도로 캘린더수명(달력수명)이 있다. 사이클 수명이 충·방전의 '횟수'에 주목한다면, 캘린더수명은 충전 상태로 방치해도 괜찮은 '시간'을 나타낸 것이다. 식품의 소비기한 같은 것인데, 물론 사이클수 명이 다하지 않았을 때의 이야기다.

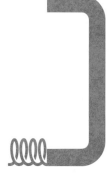

14

충·방전 문제
—
메모리효과와
리프레시 충전

2차전지의 용량이 아직 남아 있는 상태에서 방전을 멈추고 충전을 하다 보면, 사용 가능한 용량이 남아 있는데도 갑자기 전압이 떨어질 때가 있다(그림 3-29). 이를 메모리효과라고 하는데, 마치 용량이 감소한 것처럼 보이는 현상이다.

특히 늘 특정 용량을 남겨둔 채로 충·방전을 되풀이하면, 해당 용량 부근에서 메모리효과가 현저하게 나타난다(그림 3-30). 마치 전지가 예전에 언제 충전했는지 기억하는 것 같다고 해서 메모리(기억)라는 이름이 붙었다.

그러나 모든 2차전지에서 메모리효과가 일어나는 것은 아니다. 주요 2차전지 중에서는 니카드전지에서 가장 잘 일어나며, 니켈-수소전지에서도 발생한다. 한편으로 리튬이온전지에서는 메모리효과가 일어나도 거의 영향이 없으며, 납축전지에서는 전혀 발생하지 않는다.

메모리효과의 원인은 아직 완전히 밝혀지지 않았다. 니켈계 2차전지에서는

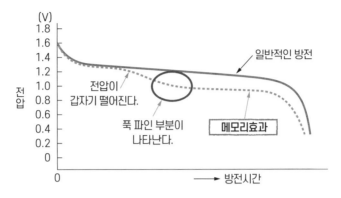

메모리효과 때문에 용량이 줄어든 것처럼 보인다.

그림 3-29 **메모리효과에 따른 전압 강하**

양극 활물질인 산화수산화니켈(NiOOH)의 결정 구조가 변화하여 전기저항이 커지면서 생긴다고 알려져 있다.

✚ 메모리효과를 해소하는 리프레시 충전

리프레시 충전이란 메모리효과를 '없애고' 충전한 만큼의 전기용량을 온전히 사용할 수 있도록 하는 방법이다(그림 3-30). 딱히 특별한 조작은 아니고 전지를 한 번 완전히 방전한 다음 가득 충전하면 된다. 이렇게 하면 메모리효과는 해소할 수 있지만, 과방전 방지기능이 있는 충전기를 사용하지 않고 완전방전을 되풀이할 경우, 과방전에 빠질 위험이 있다는 점에 유의해야 한다. 메모리효과와는 달리, 과방전 때문에 생긴 전지의 손상은 회복할 수 없기 때문이다.

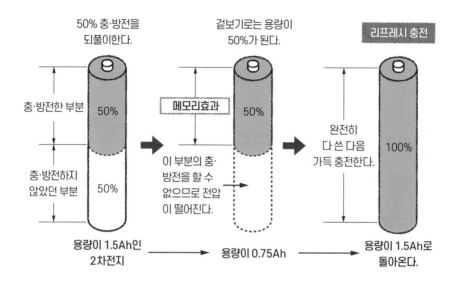

그림 3-30 **메모리효과와 리프레시 충전**

전지의 용량 중 어느 정도의 비율을 방전하느냐를 방전심도라고 한다. 방전량이 적을 때는 얕은 방전(심도), 완전 방전처럼 방전량이 많을 때는 깊은 방전(심도)이라고 한다. 기본적으로 얕은 방전을 하면 전지에 부담도 적고 전지의 수명도 길어지는 반면, 깊은 방전은 전지를 열화시킨다.

2차전지의 사이클수명 시험⟨⇒p190⟩에서의 방전심도는 제조사에 따라 다른데, 방전심도 100%(완전 방전)로 시험하는 회사가 있는가 하면 80%로 시험하는 회사도 있다. 방전심도가 깊을수록 사이클수명은 짧아진다.

15

충·방전 문제
—

덴드라이트

덴드라이트(가지돌기, 수상돌기)는 2차전지를 충전할 때 음극의 금속이 양극을 향해 뻗어나가는 현상이다. 방전할 때 음극 활물질이 전해액에 녹아 금속이온이 되는데, 이 금속이온은 충전할 때 다시 금속이 된다. 이때 금속이온은 나뭇가지 모양의 결정 형태로 석출된다. 그래서 충·방전을 되풀이하다보면 가지가 자라듯이 점점 뻗어나간다(그림 3-31).

이렇게 형성된 덴드라이트가 전극에서 떨어져나가면 그만큼 음극 활물질의 양이 줄어들어 용량이 떨어진다. 하지만 덴드라이트가 계속 자라서 나아가는 방향 쪽이 더 큰 문제가 된다. 왜냐면 덴드라이트의 일부가 다공성 분리막의 구멍을 뚫고 자라나서 양극까지 도달하면, 전지가 단락되기 때문이다〈⇒p139〉. 그리고 이것은 발화나 폭발의 원인이 될 수도 있다.

덴드라이트가 발생하는 금속전극은 아연, 철, 카드뮴, 망간, 알루미늄, 나트륨, 리튬 등 아주 다양하다. 따라서 이런 금속을 전극으로 사용할 때는 덴드

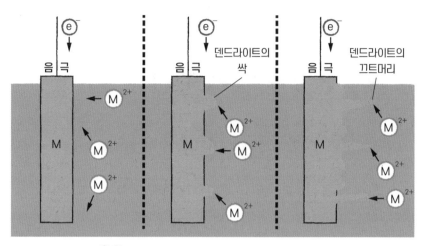

①충전할 때 금속이온이 금속   ②금속이 불균일하게 석출되어   ③끄트머리에 금속이온이 결합
으로 돌아간다.   덴드라이트의 싹이 생긴다.   하여 덴드라이트가 자라난다.

M: 금속원자 $\left(M\right)^{2+}$: 금속이온

그림 3-31 **덴드라이트가 만들어지는 과정**

라이트 문제를 해결해야 한다. 그렇게 하지 못하면 충전하지 않는 1차전지로 만들 수밖에 없다.

　덴드라이트가 발생하는 자세한 원인은 오랫동안 밝혀지지 않았다. 하지만 2019년에 니켈-아연전지에서 발생하는 덴드라이트에 관한 새로운 이론이 등장해서 주목받고 있다.

　이전에는 충전할 때 전해액 안의 아연이온은 음극판(아연판)에 대하여 수직으로 움직인다고 여겨져왔다. 그런데 새로운 이론에 따르면 아연이온은 음극판과 나란한 방향으로도 이동하며, 이 때문에 전해액 안의 아연이온 농도가 불균일해진다고 한다. 그래서 금속 석출이 일정하게 일어나지 않고 덴드라이트가 발생하는 것이다.

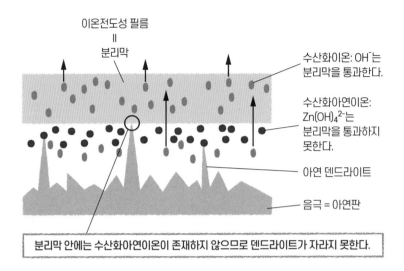

이온전도성 필름
=
분리막

수산화이온: OH⁻는
분리막을 통과한다.

수산화아연이온:
$Zn(OH)_4^{2-}$는
분리막을 통과하지
못한다.

아연 덴드라이트

음극 = 아연판

분리막 안에는 수산화아연이온이 존재하지 않으므로 덴드라이트가 자라지 못한다.

그림 3-32 **이온전도성 필름으로 만든 분리막의 효과**

✛ 덴드라이트 억제하기

예전이나 지금이나 덴드라이트에 관한 대책은 2차전지를 개발할 때 매우 중요한 사항이다. 덴드라이트를 억제하는 방법은 첨가제 섞기, 전지의 작동온도 제어하기, 특수한 분리막 사용하기 등 전지 종류와 제조사에 따라 아주 다양하다.

그림 3-32에는 이온전도성 필름으로 만든 분리막을 사용함으로써 수산화이온은 통과시키고 수산화아연이온은 차단하는 예를 소개했다. 이렇게 하면 아연 덴드라이트가 분리막에 도달하더라도 분리막 안에는 수산화아연이온이 존재하지 않으므로 덴드라이트가 더는 뻗어나가지 못한다.

충·방전 문제
—
활물질의 미세화와 고립화

충·방전을 반복할수록 2차전지가 열화하는 이유 중에는 활물질의 미세화와 고립화도 있다. 니켈-수소전지를 예로 들어 보자. 니켈-수소전지의 양극에 쓰이는 수소저장합금은 자신의 부피의 1,000배나 되는 수소기체를 흡장할 수 있으며, 이를 가역적으로 흡수·방출하여 산화환원 반응을 일으킴으로써 전지로서 작동한다〈⇒p146〉.

수소저장합금은 분말입자 상태인데, 이것을 굳혀서 전극으로 만든다. 분말입자는 결정 구조를 이루고 있으며, 충전 시에는 규칙적으로 배치된 원자와 원자 사이에 수소가 들어와서 결정 안에 저장된다. 그러면 입자 내부의 압력이 높아져서 입자의 부피가 팽창한다(그림 3-33). 반대로 방전할 때는 보유하고 있던 수소원자를 방출한다.

그런데 충·방전을 되풀이하다보면 부피 변화를 버티지 못하고 입자가 잘게 부서질 때가 있는데, 이것을 미세화라고 한다. 활물질입자가 미세화하면 처음

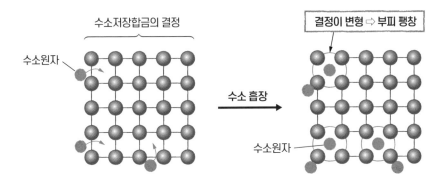

합금의 수소화에 따른 부피 팽창률은 종류에 따라 약 10~28%이다.

그림 3-33 **수소저장합금의 부피 팽창**

에는 반응면적이 증가하면서 전지반응의 속도가 빨라지기도 하지만, 미세화가 계속 진행되면 용량 저하가 일어날 뿐만 아니라 전극판에 균열이 생기기도 하고 아예 전극판이 부서지기도 한다.

이러한 미세화는 다른 전지에서도 일어날 수 있다. 예를 들어 리튬이온전지⟨⇨p264⟩의 음극에서도 충·방전을 하다 보면 리튬이온의 흡수와 방출이 반복되는데, 이로 인한 부피 변화 때문에 미세화와 박리가 진행된다. 그래서 각 제조사에서는 다양한 대책을 강구하고 있다.

➕ 고립화에 따른 용량 저하

활물질입자의 미세화가 진행되어 전극판(혹은 활물질 층)에 균열이 생기거나 박리가 일어나면 회로와의 연결이 끊겨 충·방전에 기여할 수 없게 되는데, 이

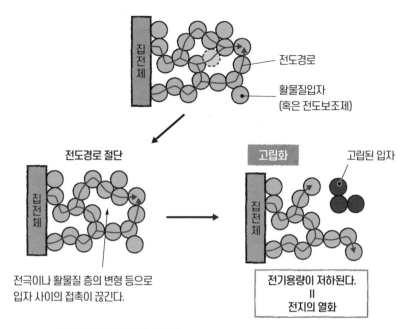

그림 3-34 **활물질이 고립화하는 과정**

러한 현상을 고립화라고 한다(그림 3-34). 고립화가 일어나면 그만큼 전지의 용량이 떨어진다.

활물질입자의 고립화는 미세화 말고도 다양한 원인으로 일어날 수 있다. 일반적으로 활물질의 전도성이 좋지 않으면 탄소가루 같은 전도보조제를 첨가하는데, 전극의 변형과 팽창 등으로 인해 전도보조제의 접촉이 끊기면 고립화가 일어날 수 있다. 또한, 전해액과의 반응으로 생긴 절연제입자가 활물질 네트워크에 끼어들어서 활물질이 회로에서 고립될 때도 있다.

충·방전 문제
—
과방전과 과충전

2차전지의 종류에 따라서는 과방전이나 과충전이 수명을 줄일 뿐만 아니라 심각한 문제의 원인이 되기도 한다. 예를 들어 용량 저하, 내부 구조의 부식과 변형, 압력 상승에 따른 전해액 누출과 전지의 팽창·파열 등이 일어날 수 있다.

과방전이란 정확하게 말하면 전압이 방전 종지전압보다 낮아진 상태에서 계속 방전하는 일이다. 전지를 방전하면(전기를 꺼내면) 점차 전압이 낮아지는데, 전압이 방전 종지전압보다 낮아지면 방전을 멈춰야 한다. 이를테면 이미 전지를 장착한 기기가 작동할 수 없는 상태인데도 계속 전지를 기기 안에 방치하면 과방전이 일어난다.

니켈-수소전지〈⇒p143〉에서 과방전이 일어나면 우선 양극 활물질(산화수산화니켈)이 충분히 소모된 다음 수소기체가 발생하기 시작한다. 이 수소는 음극에 흡수되기는 하지만, 그러기까지 어느 정도 시간이 걸리므로 수소기체 때

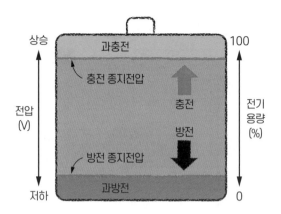

방전 종지전압 이하의 전압에서 방전 … 과방전
충전 종지전압 이상의 전압에서 충전 … 과충전

그림 3-35 **과방전과 과충전**

문에 전지 내부의 압력이 점점 높아진다. 이어서 음극 활물질(수소저장합금)이 산소를 흡수하기 시작한다. 그러면 수소를 흡장할 장소가 줄어들어서 전지용량이 저하된다.

또한 리튬이온전지에서는 과방전 때문에 새로 충전할 수 없게 되거나 음극 집전체가 녹아버리기도 한다.

✚ 과충전으로 인한 발화와 파열

과충전이란 정확하게 말하면 전압이 충전 종지전압보다 높아진 상태에서 계속 충전하는 일이다(그림 3-35). 충전이 다 끝났는데도 계속 충전하는 상태인데, 시스템의 오류로 인해 잔량이 서로 다른 전지를 직렬연결한 전지팩을 충

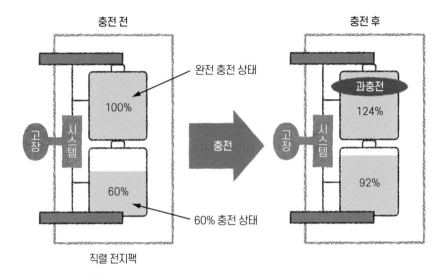

충전 전 · 충전 후

완전 충전 상태

100% · 과충전 124%

고장 · 시스템 · 충전 · 고장 · 시스템

60% · 92%

60% 충전 상태

직렬 전지팩

직렬로 연결된 전지팩의 용량이 일치하지 않으면 과충전이 일어날 수 있다.

그림 3-36 **직렬 전지팩에서 일어나는 과충전**

전할 때도 과충전이 일어날 수 있다(그림 3-36).

과방전처럼 과충전도 다양한 문제의 원인이 된다. 예를 들어 납축전지〈⇒p118〉를 과충전하면 전해액에 녹아 있던 활물질이 다 없어진 후에 물이 전기분해된다. 그러면 음극에서는 수소기체가, 양극에서는 산소기체가 발생하여 전지의 내부 압력이 높아진다. 또 전극의 격자가 변형되거나 손상되기도 한다.

리튬이온전지를 과방전하면 전지가 비정상적으로 뜨거워져서 발화와 파열 등의 사고가 일어날 수 있다〈⇒p261〉.

다만 제품으로 판매되는 2차전지에는 일반적으로 과방전과 과충전을 방지하는 장치나, 발생한 기체를 제거하는 장치 등이 마련되어 있다.

18

축전지와 축전기 중간쯤에 위치한 전기 이중층 축전기

전자회로에 꼭 필요한 축전기(콘덴서, 커패시터)는 전기를 저장하고 방출하는 기능을 지닌 전자부품이다. 이 성질을 이용해 만든 2차전지가 전기 이중층 축전기(슈퍼커패시터)다. 원래 '커패시터'는 축전기와 같은 뜻이지만, 최근에는 전기 이중층 축전기를 가리키는 경우가 많아졌다.

✚ 축전기야말로 '전지'라고?

'콘덴서'라는 용어는 축전기를 뜻하는 독일어 단어인 'Kondensator'에서 유래했다. 한편으로 영어단어인 'Condenser'는 일반적으로 열교환기(응축기)를 가리키며, 영어로 축전기를 언급할 때는 보통 '커패시터capacitor'라고 한다. 커패시터는 커패시티capacity, 용량에서 온 말이다.

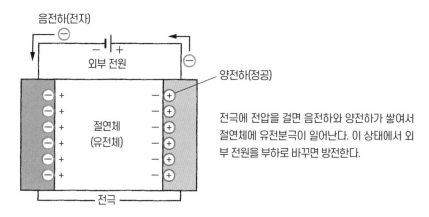

음전하(전자)

외부 전원

양전하(정공)

음전하(전자)

절연체
(유전체)

전극에 전압을 걸면 음전하와 양전하가 쌓여서 절연체에 유전분극이 일어난다. 이 상태에서 외부 전원을 부하로 바꾸면 방전한다.

전극

그림 3-37 **축전기의 유전분극**

축전기의 구조는 매우 단순한데, 기본적으로는 두 금속판 사이에 절연체를 끼워넣은 것이 전부다. 절연체로는 수지, 세라믹, 기체, 기름 등이 쓰이고, 금속판의 재료와 형태도 다양하다.

축전기에 전압을 걸어도 절연체가 끼어 있으므로 전류는 흐르지 않으며, 대신 두 전극판에 양전하와 음전하가 쌓인다. 그리고 절연체의 양 끝에도 전하의 편중(유전분극)이 발생하므로(그림 3-37), 절연체를 유전체라 부르기도 한다. 유전분극은 전압을 그만 걸어도 유지된다.

이처럼 축전기는 전기를 저장할 수 있다. 전기를 그대로 가지고 있으니, 어떻게 보면 화학전지보다 더 '전지'라고 부르기 적합할지도 모른다.

✚ 전기 이중층이란

전기 이중층 축전기는 축전지(2차전지)와 축전기의 중간쯤에 위치한다고 할

처음 읽는 2차전지 이야기

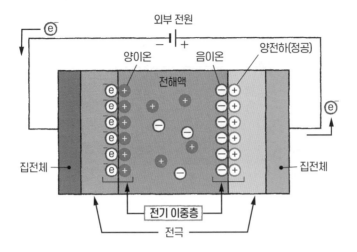

전해액에 담근 두 전극에 전압을 걸면 전해액에 유전분극이 일어나, 전극과
전해액의 계면에 전기 이중층이 발생한다.

그림 3-38 **전기 이중층**

수 있다. 그러나 충·방전 시에 화학반응이 일어나지 않으므로, 전지라고 부른
다면 물리전지의 범주에 들어간다.

전기 이중층이란 전해액에 한 쌍의 금속판(도체)을 담가서 전압을 걸었을 때
(금속판은 전해액에 녹지 않는 재질이다), 유전분극이 일어나 금속판과 접하는 전해액
의 계면에 이온입자 1개분(수 나노미터)의 전하층이 생기는 현상이다. 이때 축전
기처럼 음극 계면에서는 전자와 양이온이, 양극에서는 양전하(정공)와 음이온
이 서로 마주 본다(그림 3-38). 이것이 전기 이중층이며, 이 전기 이중층에 전하
를 저장하는 장치가 전기 이중층 축전기다.

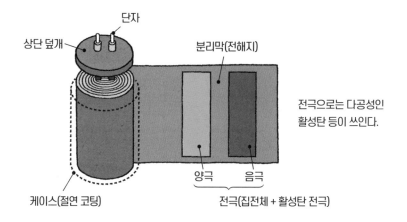

단자

상단 덮개

분리막(전해지)

전극으로는 다공성인
활성탄 등이 쓰인다.

양극 음극

케이스(절연 코팅)

전극(집전체 + 활성탄 전극)

그림 3-39 **원통형 전기 이중층 축전기의 구조**

✚ 전기 이중층 축전기의 구조

전기 이중층 축전기에는 원통형, 상자형, 동전형 등 다양한 형태가 있다. 물론 기본적인 구조와 원리는 모두 똑같다. 화학전지와 마찬가지로 전극·집전체 한 쌍과 전해액, 그리고 음극과 양극이 단락되는 것을 막기 위한 분리막이 기본 요소다(그림 3-39). 축전기와 달리 절연체가 없으며, 대신 전해액이 유전체의 기능을 한다.

전극으로는 다공성인 활성탄 등이 쓰이며, 여기에 전해액에서 공급된 이온이 물리적으로 흡착·이탈한다. 또한 전해액은 에너지밀도나 용량과 직접적인 관계가 있으므로 제조사에 따라 유기용매, 수용액, 이온 액체 등을 다양하게 선택한다.

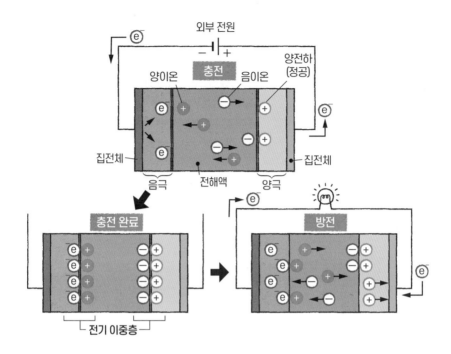

충·방전할 때 화학전지와 같은 화학반응이 일어나지 않으므로, 성능 열화가 거의 일어나지 않는다.

그림 3-40 **전기 이중층 축전기의 충·방전 원리**

✚ 전기 이중층 축전기의 충·방전

전기 이중층 축전기의 두 전극을 외부 전원과 연결해서 전압을 걸어주면 음극에는 음전하(전자)가 쌓이고 전해질 계면에 양이온이 끌려와서 활성탄에 흡착하여 전기 이중층을 형성한다. 이와 마찬가지로 양극에는 양전하(정공)가 쌓이고 전해질 계면에 음이온이 끌려와서 활성탄에 흡착한다. 이것이 충전이다(그림 3-40). 이때는 정전압 충전법(CV 충전법)이 아니라 정전류 충전법(CC 충전법)⟨⇒p174⟩을 사용한다.

충전된 축전기에 외부 전원 대신 부하를 연결해주면 음극의 전자가 회로를 따라 흐르고 활성탄에 흡착되어 있던 양이온이 이탈하며 전해액으로 확산한다. 양극에서도 양전하가 사라지면서 음이온이 이탈하여 전해액으로 확산한다. 이것이 방전이다(그림 3-40).

이처럼 전기 이중층 축전기를 충·방전할 때는 화학전지와 같은 화학반응이 일어나지 않으며, 전해질 이온이 전해액 안에서 이동하고 전극에 흡착·이탈하기만 한다. 따라서 물질 변화가 없어 충·방전을 되풀이해도 성능이 거의 열화하지 않으며, 사이클수명도 수백만 회에 이른다. 또 충전속도도 매우 빨라서 몇 초 만에 90% 충전할 수 있는 제품도 있다.

그뿐만 아니라 전기 이중층 축전기는 출력밀도가 높다, 방전심도에 제한이 없다(완전히 방전할 수 있다), 사용 가능한 온도 범위가 넓다는 여러 장점을 가지고 있다. 반대로 단점으로는 에너지밀도가 낮다, 자체방전이 비교적 심하다, 납축전지보다 가격이 비싸다는 점을 들 수 있다.

전기 이중층 축전기는 소형 전자기기의 백업, 모터 구동, 풍력발전 제어의 비상용 전원 같은 다양한 용도로 쓰인다.

헷갈리는 아니온과 카티온, 애노드와 캐소드

양전하를 띤 이온을 이 책에서는 '양이온'이라고 부르지만, 학술적으로는 카티온cation이라고 부를 때도 있다. '카티온'은 '내려가다' 라는 뜻을 지닌 그리스어 'katienai'에서 유래한 말이다. 음전하를 띠는 이온인 '음이온'도 아니온anion이라고 부를 때가 있으며, '올라가다' 라는 의미의 그리스어 'anienai'에 유래했다.

애노드와 캐소드가 가져온 혼란

그럼 왜 '내려가다' 가 카티온이 되고 '올라가다' 가 아니온이 되었을까? 이것은 전기분해 실험과 관련이 있다. 영국 물리학자 마이클 패러데이Michael Faraday, 1791~1867는 전기분해 실험 중 전원에서 전류가 흘러들어오는(올라가는) 전극에 '상승구'를 뜻하는 애노드anode라는 이름을 붙이고, 전원으로 전류가 흘러나가는(내려가는) 전극에 '하강구'를 뜻하는 캐소드cathode라는 이름을 붙였다. 그리고 전해액에서 애노드로 향하는 이온은 아니온, 캐소드로 향하는 이온은 카티온이 되었다.

그런데 애노드와 캐소드라는 이름은 종종 혼란을 불러일으킨다. 왜냐면 전기분해에서는 애노드가 양극이고 캐소드가 음극이지만, 전지에서는 반대로 애노드가 음극이고 캐소드가 양극이기 때문이다.

이러한 혼란이 생기는 이유는 애노드와 캐소드가 전류의 방향을 기준으로 한 용어인 데 비해, 양극과 음극은 전위의 높낮이를 기준으로 한 용어이기 때문이다. 즉 애노드는 어디까지나 전류가 흘러들어오는 전극을 가리키는 말이므로 전기분해에서는 양극이 되고 전지에서는 음극이 되는 것이다. 캐소드는 그 반대다.

아니온과 카티온은 어원을 모르면 외우기 힘든 단어여서 영어권에서는 'CATion은 PAWsitive(CAT은 고양이, PAW는 발볼록살)', 'ANION은 A Negative ION' 등과 같은 방법으로 암기한다고 한다.

4장

다양한
리튬이온전지 이야기

현재 전성기를 맞이한 리튬이온전지도 여러 종류가 있다.

음극으로는 모두 탄소 소재가 쓰이지만,

양극 활물질은 정말 다양하기에 수많은 종류의 리튬이온전지가 존재한다.

여기서는 주요 리튬이온전지의 구조, 원리, 장단점 등을 자세히 소개한다.

또한 리튬 2차전지 중에서 리튬이온전지가 아닌 전지에 대해서도 소개한다.

리튬계 전지의 역사

리튬이온전지 외에도 리튬이나 리튬합금을 전극으로 사용하는 다양한 전지가 있다. 우선 전지반응의 원리에 따라 리튬계 전지를 분류하면, 양극으로 리튬합금을 사용하는 리튬이온전지와 음극으로 리튬금속(혹은 리튬합금)을 사용하는 리튬금속전지로 나눌 수 있다. 리튬금속전지는 그냥 리튬전지라고도 불리며 대체로 1차전지지만, 음극으로 리튬합금을 사용하는 2차전지도 있다 (그림 4-1). 이렇게 리튬이 전극 재료로 인기가 있는 데에는 이유가 있다.

✚ 가볍고 이온화경향이 큰 리튬

리튬이 전극 재료로 적합한 이유는 무엇보다도 이온화경향이 크기 때문이다. 표준환원전위의 절댓값이 가장 크며, 이온화서열의 맨 앞에 서 있다

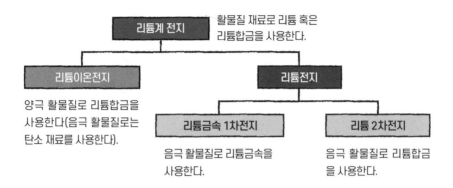

리튬계 전지 — 활물질 재료로 리튬 혹은 리튬합금을 사용한다.

리튬이온전지 — 양극 활물질로 리튬합금을 사용한다(음극 활물질로는 탄소 재료를 사용한다).

리튬전지

리튬금속 1차전지 — 음극 활물질로 리튬금속을 사용한다.

리튬 2차전지 — 음극 활물질로 리튬합금을 사용한다.

그림 4-1 **활물질에 따른 리튬계 전지 분류**

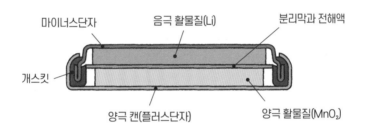

마이너스단자 　음극 활물질(Li)　분리막과 전해액

개스킷

양극 캔(플러스단자)　양극 활물질(MnO_2)

그림 4-2 **동전형 리튬금속 1차전지의 구조(이산화망간-리튬 1차전지)**

〈⇒p69〉. 이것은 [$Li \rightarrow Li^+ + e^-$]라는 반응이 일어나기 쉬우며, 리튬금속이 리튬이온(양이온)이 될 때 많은 에너지를 꺼낼 수 있다는 뜻이다. 게다가 리튬은 원자번호가 3이고 원자량이 6.941인 가장 가벼운 금속원소이므로, 리튬을 전극으로 사용하면 작고 가벼우면서도 에너지밀도가 높은 전지를 만들 수 있다. 실제로 수많은 단추형·동전형 전지가 리튬계 전지다(그림 4-2).

리튬은 1817년에 광석에서 발견되었다. 그래서 그리스어로 '돌'이라는 뜻인 '리토스^{lithos}'라는 단어에서 유래하여 '리튬'이라는 이름이 붙었다. 리튬을 사용하는 전지의 개발은 1970년대부터 시작되었으며, 1972년에 영국 화학자 마

표 4-1 **리튬금속 1차전지의 종류**

전지이름	공칭전압(V)	음극 활물질	양극 활물질	주요 형태
이산화망간-리튬 1차전지	3.0	리튬 Li	이산화망간 MnO_2	원통형, 동전형, 팩형
플루오르화흑연-리튬 1차전지	3.0	리튬 Li	플루오르화흑연 $(CF)_n$	원통형, 동전형, 핀형, 팩형
염화싸이오닐-리튬 1차전지	3.6	리튬 Li	염화싸이오닐 $SOCl_2$	원통형, 동전형, 각형
이황화철-리튬 1차전지	1.5	리튬 Li	이황화철 FeS_2	원통형, 동전형
산화구리-리튬 1차전지	1.5	리튬 Li	산화구리 CuO	원통형, 동전형
요오드-리튬 1차전지	3.0	리튬 Li	요오드 I_2	원통형, 동전형

※ 음극 활물질은 모두 리튬금속이므로, 전지이름 앞부분은 양극 활물질의 이름이다.

이클 스탠리 휘팅엄Michael Stanley Whittingham, 1941~이 처음으로 리튬을 전극으로 사용하는 1차전지를 발명했다. 휘팅엄은 리튬이온전지를 개발한 업적으로 요시노 아키라와 함께 노벨 화학상을 받은 사람이기도 하다.

단, 리튬 전극을 사용하는 전지를 세계 최초로 상품화한 것은 파나소닉의 자회사인 구 마쓰시타 전지공업이다. 1976년에 음극으로 리튬금속, 양극으로 플루오르화흑연(불화흑연)을 사용한 1차전지를 발표했다(표 4-1).

전지의 명칭은 통일되어 있지 않기에, 이름만으로는 1차전지인지 2차전지인지 알 수 없을 때도 많다. 그래서 이 책에서는 리튬계 전지를 설명할 때 전지의 종류를 알아보기 쉽도록 되도록 이름에 '1차전지'나 '2차전지'를 붙여서 표기했다. 단, '리튬이온전지'는 모두 2차전지이므로 생략한다.

✚ 리튬금속 1차전지의 성질

　리튬금속 1차전지는 리튬금속을 음극 활물질로 사용하는 1차전지다. 음극에서는 리튬금속이 [Li → Li$^+$ + e$^-$]라는 산화반응을 통해 리튬이온이 되며, 이것이 양극으로 이동해서 환원반응에 관여한다.

　리튬금속 1차전지는 고전압이고 에너지밀도가 높으며 저온부터 고온까지 폭넓은 작동온도를 지니고 오랫동안 저장할 수 있다는 장점이 있다. 한편 알칼리금속인 리튬이 물과 만나면 격렬하게 반응하여 수소가 발생한다. 따라서 전해액으로 수용액을 쓰지 못하며, 대신 유기용매나 고체 전해질을 사용한다. 유기전해액 중에는 가연성이 있는 것이 많아서 불이 날 가능성이 있으므로 주의해야 한다.

✚ 주요 리튬금속 1차전지의 방전 반응

① 이산화망간-리튬 1차전지

　만들 때 비용이 적게 들어 리튬금속 1차전지 중에서 가장 널리 보급된 전지다 보니, '리튬전지'라고 하면 이 전지를 가리킬 때도 많다(그림 4-3). 카메라, 전자계산기, 시계, 게임기 등의 전원으로 쓰인다.

　양극 활물질인 이산화망간(MnO_2)은 층상 구조이며, 리튬이온은 이 층 사이에 삽입된다. 이러한 반응을 층간삽입intercalation이라고 하며, 리튬이온전지에서도 같은 반응이 일어난다〈⇒p220〉.

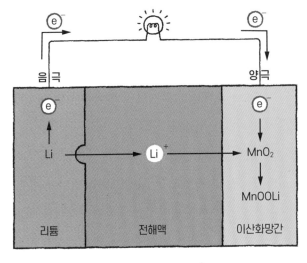

음극인 리튬금속이 녹
아서 만들어진 리튬이
온이 양극에서 층간삽
입 반응을 일으킨다.

그림 4-3 **이산화망간-리튬 1차전지의 방전 원리**

《양극》 $MnO_2 + Li^+ + e^- \rightarrow MnOOLi$

《반응 전체》 $Li + MnO_2 \rightarrow MnOOLi$

② 플루오르화흑연-리튬 1차전지

양극 활물질인 플루오르화흑연[$(CF)_n$]도 층상 구조이므로, 이산화망간과
마찬가지로 양극에서 층간삽입 반응이 일어난다(그림 4-4). 시계, 계량기, 전자
낚시찌 등의 전원으로 쓰인다.

《반응 전체》 $nLi + (CF)_n \rightarrow nC + nLiF$

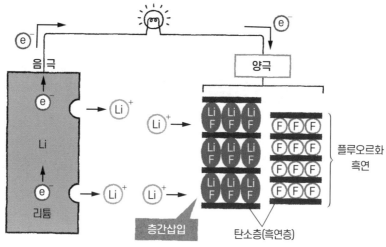

플루오르화흑연의 층 사이에
리튬이온이 삽입된다.

그림 4-4 **플루오르화흑연-리튬 1차전지의 층간삽입**

③ 염화싸이오닐-리튬 1차전지

양극 활물질인 염화싸이오닐(염화티오닐, $SOCl_2$)은 액체로, 전해액의 용매도 겸
한다. 전압이 높아서 계량기뿐만 아니라 군사 용도로도 쓰인다.

《반응 전체》 $4Li + 2SOCl_2 \rightarrow 4LiCl + S + SO_2$

그 밖에도 리튬금속 1차전지로는 양극 활물질로 이황화철(FeS_2)을 사용하는
이황화철-리튬 1차전지, 산화구리(CuO)를 사용하는 산화구리-리튬 1차전지,
요오드 화합물을 사용하는 요오드-리튬 1차전지 등이 있다(표 4-1).

리튬이온전지의 원리

세계 최초의 리튬 2차전지는 1985년에 캐나다 회사인 모리에너지에서 개발한 이황화몰리브덴-리튬전지로, 자동차에서 사용하는 전화의 전원으로 쓰였다. 하지만 음극인 리튬금속에서 발생한 덴드라이트⟨⇒p196⟩ 때문에 발화사고가 일어나 전량 회수되었다.

이 사고 이후로 현재까지 덴드라이트 문제가 여전히 해결되지 않았기 때문에, 리튬금속 2차전지 중 양산된 제품은 없다. 하지만 리튬금속 1차전지를 충전할 수 있게 만들면 리튬이온전지를 능가하는 고성능 2차전지를 실현할 수 있으므로, 현재도 활발하게 연구되고 있다.

✚ 리튬이온전지의 네 가지 요소

리튬 2차전지와 리튬이온전지는 리튬금속 1차전지를 2차전지로 만들기 위해 연구하는 과정에서 탄생했다. 리튬이온전지는 '리튬이온 2차전지(혹은 리튬이온 축전지)'라고도 불리며 당연히 2차전지다. 그렇다면 리튬이온전지와 그 밖의 리튬 2차전지는 무엇이 다를까? 그것은 곧 리튬이온전지의 정의이기도 하다.

일반적으로 리튬이온전지란 아래 네 가지 조건을 만족하는 전지를 말한다.

❶ 음극 활물질은 리튬이온을 흡장·방출할 수 있는 탄소 재료일 것.

❷ 양극 활물질은 리튬이온을 함유하는 금속산화물일 것.

❸ 전해액에는 물이 포함되어 있지 않을 것.

❹ 층간삽입 반응에 기반을 둔 2차전지일 것.

리튬이온전지가 아닌 리튬 2차전지는 ❸과 ❹는 만족해도 ❶이나 ❷를 만족하지 않으므로, 리튬이온전지라고 부르지 않는다.

✚ 작동 원리는 양방향 층간삽입

리튬이온전지에서는 원리상 충·방전할 때 음극 활물질의 용해·석출이 일어나지 않는다. 리튬이온의 흡장·방출(층간삽입)에 의한 산화환원 반응을 통해 발전하므로, 기본적으로 덴드라이트가 발생하지 않는다.

방전할 때는 음극 활물질에서 리튬이온이 이탈하여(산화반응) 양극 활물질에 흡수된다(환원반응). 음극에서 방출된 전자는 외부 회로를 통해 양극에 도달하며, 양극 활물질은 전자를 얻고 리튬이온을 흡장한다. 충전할 때는 역반

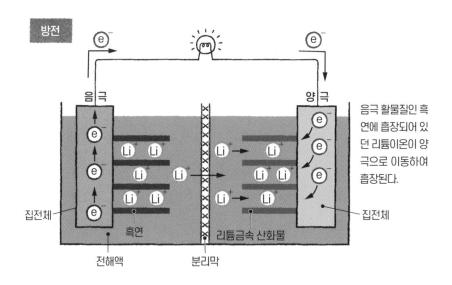

방전

음극 | 양극

집전체 — 흑연 — 전해액 — 분리막 — 리튬금속 산화물 — 집전체

음극 활물질인 흑연에 흡장되어 있던 리튬이온이 양극으로 이동하여 흡장된다.

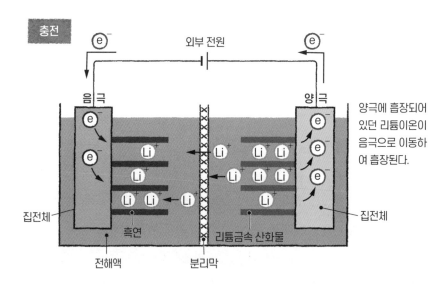

충전

외부 전원

음극 | 양극

집전체 — 흑연 — 전해액 — 분리막 — 리튬금속 산화물 — 집전체

양극에 흡장되어 있던 리튬이온이 음극으로 이동하여 흡장된다.

그림 4-5 **리튬이온전지의 충·방전 원리**

응이 가역적으로 일어난다(그림 4-5).

✚ 리튬이 쉽게 출입할 수 있는 흑연

리튬이온전지의 음극 활물질로 쓰이는 탄소 재료는 대체로 흑연(그래파이트)이다. 탄소는 영어로 '카본carbon'이라고 하며, 그래파이트graphite는 탄소로 이루어진 원소광물의 일종이다. 흑연은 탄소원자가 육각형을 이루며 규칙적으로 늘어선 판 모양의 결정체로, 여러 층이 겹겹이 쌓인 층상 구조를 이룬다(그림 4-6).

리튬이온전지가 성공한 원인은 이 흑연이라는 음극 재료 덕분인데, 흑연은 층간삽입 반응에 아주 적합한 재료이기 때문이다.

흑연을 이루는 한 층 내에서 탄소원자 사이의 거리는 1.42Å(옹스트롱, $1Å = 1 \times 10^{-10}m$)인 데 비해, 층과 층 사이의 거리는 3.35Å로 약 2.4배나 멀다. 이것은 같은 층의 탄소원자는 공유결합으로 강하게 연결되어 있지만, 층과 층 사이는 판데르발스힘으로 약하게 연결되어 있기 때문이다. 판데르발스힘이란 화학결합이 아니라 모든 분자와 원자 사이에서 작용하는, 서로를 끌어당기는 힘이다.

즉 흑연의 층과 층 사이는 아주 쉽게 떨어지기 때문에, 리튬 입자가 마치 책의 페이지를 넘기듯이 쉽게 층 사이로 들어갈 수 있다. 또한 전지의 전압은 양극과 음극의 전위차로 결정되는데, 흑연은 방전전위가 낮은 수치에서 안정되어 있으므로 높은 전지전압을 유지할 수 있다는 것도 장점이다.

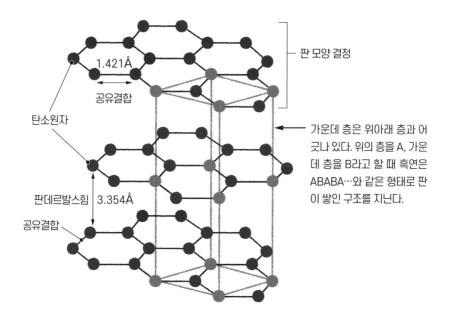

그림 4-6 **흑연의 결정 구조**

판 모양 결정

1.421Å

공유결합

탄소원자

판데르발스힘 3.354Å

공유결합

가운데 층은 위아래 층과 어긋나 있다. 위의 층을 A, 가운데 층을 B라고 할 때 흑연은 ABABA…와 같은 형태로 판이 쌓인 구조를 지닌다.

✚ 층간삽입 반응식

흑연 음극에서 리튬이온의 층간삽입 반응은 탄소원자 6개로 이루어진 육각형 격자에 리튬이온 1개가 삽입되는 형태로 일어난다(그림 4-7). 따라서 이때의 반응식은 다음과 같다.

《음극》 $C_6 + Li^+ + e^- \longrightarrow LiC_6$

리튬이온전지를 충전할 때 음극에서 일어나는 반응은 모두 이 반응식을 따른다. 이때 흑연의 기본적인 결정 구조는 변하지 않는다.

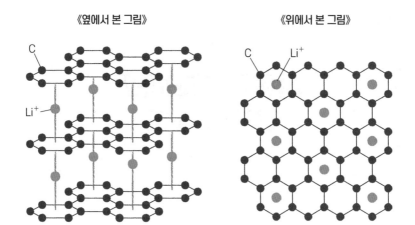

《옆에서 본 그림》　　　　《위에서 본 그림》

그림 4-7 **층간삽입이 일어난 흑연과 리튬이온**

　층간삽입 반응처럼 결정 구조를 유지한 채 일부 원자나 이온이 출입하는 반응을 위상반응이라고 한다. 또한, 리튬이온전지를 충·방전하면 리튬이온이 양극과 음극 사이를 오간다. 이런 식으로 충·방전이 이루어지는 전지를 '흔들의자'의 움직임에 빗대서 흔들의자전지라고 부르기도 한다.

　참고로 리튬'이온'전지라고 불리는 이유는 리튬이 전해액에 있든 전극에 있든 항상 이온 상태로 존재하기 때문이다.

3

리튬이온전지의
형태와 용도

리튬이온전지는 작고 가벼우면서 전압이 높은 점이 장점이며, 용도에 따라 원통형, 각형, 래미네이트형 등 다양한 형태의 소형 전지가 만들어져 판매되고 있다(그림 4-8). 처음부터 전자제품 안에 들어가 있어서 전지만 따로 소매로 팔지 않는 제품도 많다. 또한 소형 전지를 팩으로 만들기도 하며, 대규모 모듈로 만들어서 고전압·대용량을 실현한 묶음전지를 주문 생산하기도 한다.

✚ 리튬이온전지의 주요 셀 형태

주요 셀 형태로는 원통형, 각형, 래미네이트형, 핀형의 네 가지가 있다.

① 원통형

1991년에 소니가 세계 최초로 양산한 리튬이온전지가 원통형이었다. 가장 적은 비용으로 생산할 수 있으며, 다른 형태보다 부피당 용량밀도가 높다. 다만 원통형이다 보니 여러 전지를 묶어서 만든 제품에서는 사이사이에 틈새가 생겨서 용량과 에너지밀도가 떨어진다.

랩톱컴퓨터, 가전제품, 전동공구, 전동 어시스트 자전거, 전기자동차 등 아주 다양한 제품에 쓰인다.

② 각형

각형이라고는 해도 두께는 얇으며, 휴대전화와 스마트폰의 전원으로 쓰인다. 원통형 전지는 철용기를 쓰지만, 각형은 가벼운 알루미늄을 주로 사용한다. 스마트폰 외에도 휴대용 음악재생기, 디지털카메라, 휴대용 게임기, 각종 센서와 웨어러블기기 등의 전원으로 쓰인다. 하이브리드자동차도 각형 전지를 사용한다.

③ 래미네이트형

외장재로 금속용기가 아니라 래미네이트필름을 사용한다. 얇고 가벼우며 제조비용도 비교적 저렴하다. 무게에 비해 표면적이 넓어서 방열성이 뛰어나 전지의 온도 상승을 억제할 수 있다. 그래서 드론, 전동스쿠터, 무인운반차 등 움직이는 기기의 전원으로 많이 쓴다.

④ 핀형

지름이 3.65mm, 높이가 2cm, 무게가 겨우 0.5g인 아주 가벼운 전지다. 파나소닉이 개발하여 제조하고 있으며 보청기, 무선이어폰, 팔찌형 기기 등의 전원으로 쓰인다.

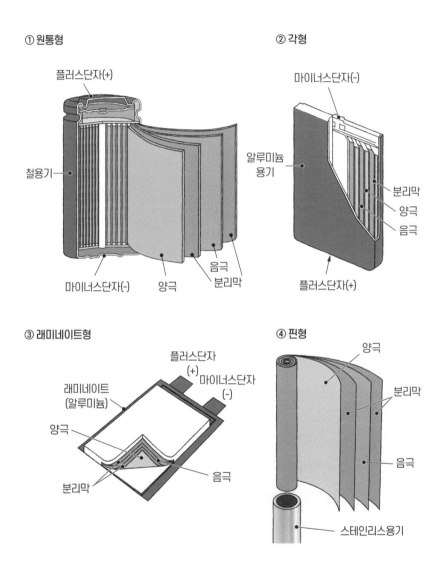

① 원통형

플러스단자(+)

철용기

마이너스단자(-) 양극 음극 분리막

② 각형

마이너스단자(-)

알루미늄
용기

분리막
양극
음극

플러스단자(+)

③ 래미네이트형

래미네이트
(알루미늄)

양극

분리막

플러스단자
(+) 마이너스단자
(-)

음극

④ 핀형

양극

분리막

음극

스테인리스용기

그림 4-8 **리튬이온전지의 형태에 따른 구조 차이**

양극에 따라 달라지는 리튬이온전지

리튬이온전지의 정의⟨⇒p220⟩에 따르면, 음극 활물질은 탄소 재료여야 한다. 따라서 전지의 이름, 다시 말해 전지의 종류는 양극 활물질로 구분한다. 참고로 음극 활물질인 탄소 재료로는 현재 대부분 흑연을 사용한다.

리튬계 전지 중에는 리튬이온전지의 조건을 만족하지 않는 전지도 많다. 하지만 이런 전지들은 '리튬이온전지'라고 불리지 않을 뿐이지, 딱히 성능이 떨어진다는 뜻은 아니다.

✚ 리튬이온전지의 주요 양극 활물질

리튬이온전지의 주요한 양극 활물질은 다음 ①~⑤의 다섯 가지다. 일반적으로 각 전지는 양극 활물질의 이름으로 불린다(표 4-2, 표 4-3).

표 4-2 **리튬이온전지의 종류**

	전지이름	양극 활물질	음극 활물질	공칭전압 (혹은 평균 전압)(V)	중량당 에너지밀도 (Wh/kg)	사이클수명 (방전심도 100%)(회)	이 책의 페이지
①	리튬코발트산화물 이온전지	리튬코발트산화물 $LiCoO_2$	흑연	3.7	150~240	500~1000	233쪽
②	리튬망간산화물 이온전지	리튬망간산화물 (스피넬 구조) $LiMn_2O_4$	흑연	3.7	100~150	300~700	249쪽
③	리튬인산철 이온전지	리튬인산철 (올리빈 구조) $LiFePO_4$	흑연	3.2	90~120	1000~2000	252쪽
④	삼원계 리튬 이온전지	삼원계 (NMC계) $LiNi_xMn_yCo_zO_2$	흑연	3.6	150~220	1000~2000	255쪽
⑤	니켈계 리튬 이온전지	니켈계 (NCA계) $LiNi_xCo_yAl_zO_2$	흑연	3.6	200~260	약 500	255쪽

표 4-3 **리튬이온전지의 장단점**

	전지이름	장단점
①	리튬코발트산화물 이온전지	• 리튬이온전지의 표준으로 널리 보급되었다. • 발화할 위험이 있어서 차량탑재용으로는 쓰지 않는다.
②	리튬망간산화물 이온전지	• 안전성이 높아서 차량탑재용 전지로 많이 쓴다. • 급속 충전과 급속 방전이 가능하다.
③	리튬인산철이온전지	• 저렴하고 사이클수명과 캘린더수명이 길다. • 공칭전압이 다른 리튬이온전지보다 낮다.
④	삼원계 리튬이온전지	• 전압이 그럭저럭 높고 사이클수명도 길다.
⑤	니켈계 리튬이온전지	• 에너지밀도가 높지만, 내열성에 문제가 있다.

① 리튬코발트산화물(LiCoO$_2$)

소니가 세계 최초로 양산한 리튬이온전지는 양극으로 리튬코발트산화물을 사용했다. 이후 현재까지 가장 널리 보급되었으며, 리튬이온전지의 표준이라고 할 수 있다. 다만 불이 날 가능성을 배제할 수 없기에 차량탑재용으로는 쓰지 않는다.

② 리튬망간산화물(LiMn$_2$O$_4$)

차량탑재용 전지로 많이 쓴다. 그 이유는 망간의 가격이 코발트의 약 10분의 1 정도고, 결정 구조가 견고하여 열을 잘 견디므로 안전성이 높기 때문이다. 전지 내부의 저항이 작아서 급속 충·방전이 가능하다.

③ 리튬인산철(LiFePO$_4$)

망간전지보다 더 저렴하게 제조할 수 있다. 또한, 사이클수명과 캘린더수명이 길다는 점도 장점이다. 다만, 공칭전압(기전력)이 3.2V로 다른 리튬이온전지보다 작다는 단점이 있다.

④ 삼원계(NMC계)

리튬코발트산화물의 코발트 일부를 니켈과 망간으로 치환한, 세 가지 금속 원소로 이루어진 복합 재료를 양극으로 사용하는 전지다. 전압이 그럭저럭 높은 데다 사이클수명도 길다.

⑤ 니켈계(NCA계)

니켈을 주재료로 사용하되 일부를 코발트로 치환하고 알루미늄을 첨가한,

세 가지 금속원소로 이루어진 복합 재료를 양극으로 사용하는 전지다. 에너지밀도가 높지만, 내열성에 문제가 있고 사이클수명도 짧은 편이다.

리튬이온전지의 종류
—
리튬코발트산화물
이온전지

리튬코발트산화물(LiCoO$_2$)을 양극 활물질로 사용한 전지는 리튬이온전지 중 처음으로 양산된 제품이다. 리튬코발트산화물이 선택된 이유는 비교적 쉽게 합성할 수 있고 취급이 간단하며, 다른 2차전지보다 전압(기전력)이 높고 사이클수명도 길기 때문이다.

코발트가 비싼 희소금속이다 보니, 처음에는 곧 다른 저렴한 재료로 대체될 것이라고 생각했다. 하지만 그동안 수많은 양극 활물질이 제조되었는데도, 여전히 리튬코발트산화물 이온전지는 주류 리튬이온전지로 활약 중이다.

✚ 결정 구조는 육방정의 층상 구조

음극인 흑연(그래파이트)의 결정은 탄소원자의 육각형 고리(육방정)가 층층이 쌓여서 육각기둥의 육방정계 구조를 이룬다(⇒ p223). 탄소원자 6개당 리튬이온 1개를 흡장하여 탄화리튬(LiC_6)을 형성하기는 하지만, 원래는 리튬이온을 함유하지 않는다. 리튬이온은 양극 활물질에서 공급된다.

양극 활물질인 리튬코발트산화물은 α-$NaFeO_2$형 층상암염 구조라 불리는, 리튬(알칼리금속)과 코발트(전이금속)가 산소층 사이에 늘어선 구조를 이루고 있다. 이것이 층을 이루어서 흑연과 비슷한 육방정계 구조를 만들며(⇒ p225), 층 사이에 있는 리튬이 방출·흡장됨으로써 전지반응이 진행된다.

✚ 전지반응식

원래 리튬이온전지의 음극에는 리튬이온이 존재하지 않으므로, 순서대로 설명하려면 충전 시의 양극 반응부터 기술해야 할 것이다. 하지만 여기서는 그동안 해왔던 대로 방전 시의 음극 반응부터 소개하겠다.

방전이 일어날 때 음극에서는 흡장되어 있던 리튬이온이 떨어져나오면서 전자를 전해액으로 방출한다. 반대로 충전할 때는 전해액에 있는 리튬이온을 흡장한다. 양극에서는 각각 반대 반응이 일어난다(그림 4-9).

전극에서 일어나는 전지반응은 다음과 같다.

《음극》 $Li_xC_6 \rightleftarrows C_6 + xLi^+ + xe^-$

《양극》 $Li_{1-x}CoO_2 + xLi^+ + xe^- \rightleftarrows LiCoO_2$

《반응 전체》 $Li_xC_6 + Li_{1-x}CoO_2 \rightleftarrows C_6 + LiCoO_2$

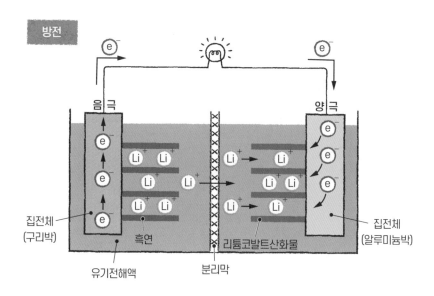

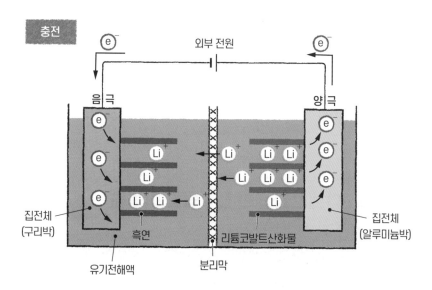

그림 4-9 **리튬코발트산화물 이온전지의 전지반응 원리**

전지반응식을 살펴보면 리튬(Li)의 원소기호 오른쪽에 낯선 아래 첨자 'x'가 적혀 있는데, 이것은 반응하는 원자의 비율을 나타낸 것이다. 이론상으로는 탄소(C)원자 6개당 리튬이온 1개가 흡장되어 있지만, 실제로는 모든 탄소 고리에 리튬이온이 들어 있지는 않으므로 이렇게 적은 것이다. x는 0~1 사이의 값을 지닌다.

반응식을 이해하기 위해서는 x를 비율이라기보다 개수라고 생각하는 편이 더 쉬울 수도 있다. 예를 들어 탄소고리 1개(탄소원자 6개)당 흡장·방출되는 리튬이온이 실제로는 0.5개였으면 x = 0.5가 되며, 전지반응식은 다음과 같이 쓸 수 있다.

《음극》 $Li_{0.5}C_6 \rightleftarrows C_6 + 0.5Li^+ + 0.5e^-$

《양극》 $Li_{0.5}CoO_2 + 0.5Li^+ + 0.5e^- \rightleftarrows LiCoO_2$

《반응 전체》 $Li_{0.5}C_6 + Li_{0.5}CoO_2 \rightleftarrows C_6 + LiCoO_2$

다만, x = 1이라고 가정해서 x를 생략하여 반응식을 간략하게 쓸 때도 있다.

✚ 리튬코발트산화물의 전기용량 이용률

위에서는 'x = 0.5'를 그냥 가정한 것처럼 썼지만, 사실 이것은 현실을 반영한 올바른 화학반응식이다. 왜냐하면 (음극 활물질인 흑연이 아니라) 양극 활물질인 리튬코발트산화물이 바로 '$Li_{0.5}CoO_2$'이기 때문이다. 즉 원래라면 산화코발트(CoO_2) 1개당 리튬이온 1개가 흡장·방출되어 충·방전에 사용할 수 있어야 하

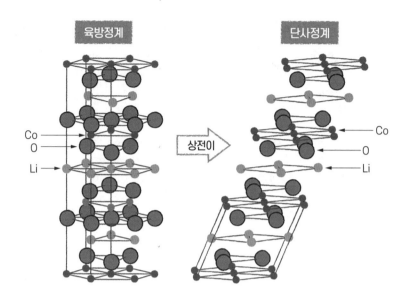

그림 4-10 **육방정계에서 단사정계로의 상전이**

지만, 실제로는 산화코발트 1개당 리튬이온은 0.5개밖에 흡장·방출되지 않는
다. 리튬코발트산화물의 결정 구조는 변형되기 쉬워서, 흡장되어 있던 리튬이
온이 이탈하면 결정 구조가 일그러지기 때문이다.

그리고 절반 정도의 리튬이온이 빠져나오면 결정이 육방정계에서 단사정계
로 상전이(결정 구조가 변하는 일)(그림 4-10)를 일으켜, 층상 구조가 무너져서 충·
방전을 할 수 없게 된다. 그래서 리튬코발트산화물의 중량당 이론 용량은 약
274mAh/g이지만, 실용량(혹은 실효용량)은 약 절반인 148mAh/g밖에 되지 않
는다(표 4-4). 이론 용량이란 활물질의 성분을 통해 이론적으로 산출한 전기용
량이며, 실용량은 실제로 쓸 수 있는 전기용량이다.

리튬코발트산화물 이온전지의 결정 구조를 견고하게 만들기 위해, 삼원
계(NMC계) 전지⟨⇨ p255⟩에서는 코발트의 일부를 니켈과 망간으로 치환한다.

표 4-4 주요 리튬이온전지의 양극 활물질의 전기용량

	전지이름	양극 활물질 성분비	구조	이론 용량 (mAh/g)	실용량 (mAh/g)	이용률 (%)	이 책의 페이지
①	리튬코발트산화물 이온전지	$LiCoO_2$	층상암염 구조	274	148	54.0	—
②	리튬망간산화물 이온전지	$LiMn_2O_4$	스피넬 구조	148	120	81.1	249쪽
③	리튬인산철 이온전지	$LiFePO_4$	올리빈 구조	170	160	94.1	252쪽
④	삼원계 리튬이온전지	$LiNi_{0.33}Mn_{0.33}Co_{0.33}O_2$	층상암염 구조	280	160	57.1	255쪽
		$LiNi_{0.5}Mn_{0.2}Co_{0.3}O_2$		278	165	59.4	
		$LiNi_{0.6}Mn_{0.2}Co_{0.2}O_2$		277	170	61.4	
		$LiNi_{0.8}Mn_{0.1}Co_{0.1}O_2$		276	200	72.5	
⑤	니켈계 리튬이온전지	$LiNi_{0.8}Co_{0.15}Al_{0.05}O_2$	층상암염 구조	279	199	71.3	255쪽

※ 이용률 = 실용량 ÷ 이론 용량
※ 양극 활물질 성분비를 소수 대신 분수로 쓸 때도 있다.
　(예)$LiNi_{0.33}Mn_{0.33}Co_{0.33}O_2$ → $LiNi_{1/3}Mn_{1/3}Co_{1/3}O_2$

또한, 그 밖의 리튬이온전지에서도 전기용량 이용률을 높이기 위해 노력하고 있다.

리튬이온전지의
전해액

리튬이온전지는 리튬이온이 양극과 음극 사이를 오가면서 충·방전이 일어나는 전지다. 전해액의 주요 기능은 리튬이온을 운반하는 일이지만, 그 밖에도 고온·저온 환경에서 고전압 작동과 고속 충전을 가능하게 한다거나 전지의 안정성과 긴 수명을 확보하는 일에도 깊이 관련되어 있다. 단, 전해액은 전자를 운반하지는 못한다.

층간삽입을 기본 원리로 삼는 리튬이온전지를 실용화할 수 있었던 열쇠는 바로 적합한 전해액 개발에 성공한 일이었다.

✛ 유기전해액과 전해질의 성분

리튬은 반응성이 커서 물과 격렬하게 반응하므로, 기존 화학전지에서 쓰던

표 4-5 리튬이온전지의 전해액에 사용되는 주요 유기용매

물질이름	에틸렌카보네이트	프로필렌카보네이트	디메틸카보네이트
별명	탄산에틸렌	탄산프로필렌	탄산디메틸
약호	EC	PC	DMC
화학식	$C_3H_4O_3$	$C_4H_5O_3$	$C_3H_6O_3$
구조	고리형	고리형	사슬형
끓는점(℃)	244.0	240	90.3
녹는점(℃)	36.4	-49	4.6
인화점(℃)	143	132	14
점성(cP)	1.9 (40℃)	2.5	0.59

물질이름	디에틸카보네이트	에틸메틸카보네이트
별명	탄산디에틸	탄산에틸메틸
약호	DEC	PC
화학식	$C_5H_{10}O_3$	$C_4H_8O_3$
구조	사슬형	사슬형
끓는점(℃)	126	108.5
녹는점(℃)	-43	-53
인화점(℃)	25	22.5
점성(cP)	0.75	0.65

※ 유체의 점성도를 나타내는 단위 포아즈(P)는 국제단위계(SI)가 아니라 CGS단위계에 속한다. 1P = 0.1파스칼초(Pas) = 100센티포아즈(cP)다.

※ 점성이 너무 크면 이온 이동속도가 느려진다.

물을 포함하는 전해액을 사용할 수 없다. 대신 유기용매에 리튬염을 소량 녹인 유기전해액을 사용한다. 유기용매란 액체 유기화합물의 총칭이며 대표적인 예로 에탄올, 벤젠, 톨루엔 등이 있다.

리튬이온전지의 전해액은 일반적으로 고리형 카보네이트와 사슬형 카보네이트(표 4-5)를 혼합한 유기용매이며, 그 안에 전해질로 리튬염을 소량 녹인다. 카보네이트란 탄산염을 뜻한다.

리튬염은 리튬이온의 최초 공급원이다. 현재 주로 쓰이는 리튬염은 육플루오르화인산리튬(LiPF$_6$)이다(그림 4-11). 육플루오르화인산리튬(LiPF$_6$)을 많이 쓰는 이유는 이온전도도가 높고 전기화학적으로 안정된 데다 제조비용이 저렴하기 때문이다. 또한 질 좋은 전극 피막을 만들어내며, 분화해서 생기는 플루오르이온이 집전체인 알루미늄박의 부식을 방지하는 기능도 한다. 육플루오르화인산리튬(LiPF$_6$)의 단점은 열에 관한 안정성이 낮다는 점으로, 이런 단점 때문에 고온 환경에서 사용하기에는 적합하지 않다.

전해액에는 그 밖에도 전극 보호, 과충전 방지, 금속용출 억제 등의 목적으로 다양한 첨가제를 넣는다. 현재는 주로 에틸렌카보네이트를 섞은 혼합용매에 육플루오르화인산리튬을 녹인 것이 쓰인다.

✚ 유기전해액의 이점

유기전해액을 사용하면 기전력이 높아진다는 이점이 있다. 물의 전기분해 전압은 약 1.23V로, 이것보다 높은 전압을 걸지 않는 한은 전기분해가 일어나지 않는다. 이것은 반대로 말하면 방전전압이 1.23V 이상이면 물이 포함된 전

① 육플루오르화인산리튬

LiPF$_6$

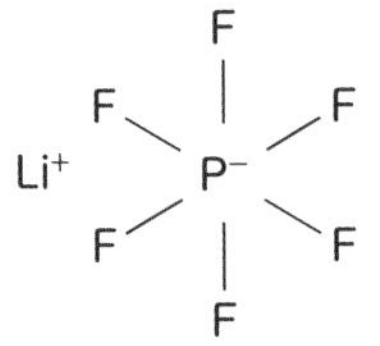

현재의 주류 전해질이다.
헥사플루오르인산리튬이라고도 한다.
전기화학적으로 안정하지만, 고온 환경
에 약하다.

② 과염소산리튬

LiClO$_4$

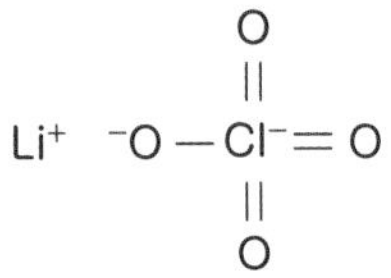

저렴하고 이온전도성이 높다. 리튬 1차
전지에도 사용된다. 전해질의 첨가제로
쓰인다

③ 사플루오르화붕산리튬

LiBF$_4$

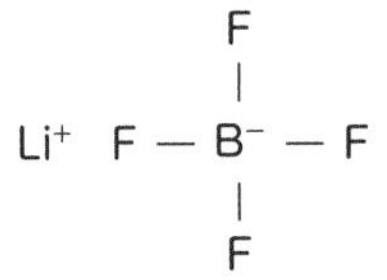

이온 해리 능력이 다소 낮다. LiPF$_6$보
다 전도도가 낮다. 전해질의 첨가제로
쓰인다.

④ 비스(트리플루오로메탄설포닐)
이미드리튬

LiN (SO$_2$CF$_3$)$_2$

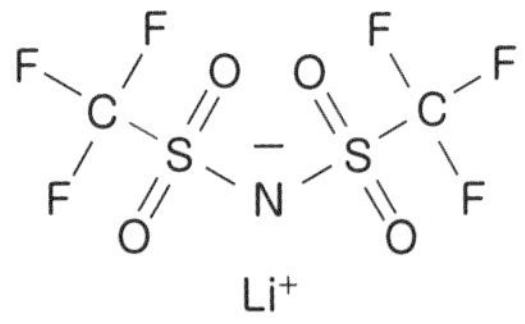

전도도가 매우 높다. 축전기의 전해질
로도 쓰인다.

그림 4-11 **리튬이온전지의 주요 전해질**

해액에서는 자체적으로 물의 전기분해가 일어난다는 뜻이다.

실제로는 전해액의 성분에 따라 다르지만, 니카드전지⟨⇒p133⟩와 니켈-수소전지⟨⇒p143⟩의 기전력⟨공칭전압⟩이 약 1.2V인 이유는 이러한 전해액의 제한 때문이다. 한편 유기전해액은 제한전압이 더 높기 때문에, 리튬이온전지는 높은 전압을 낼 수 있다.

게다가 (혼합) 유기용매는 ~−20℃라는 낮은 온도에서도 전지를 사용할 수 있다. 전해액에 물이 포함된 전지보다 동결온도가 낮기에, 0℃ 미만의 환경에서도 잘 작동한다는 장점이 있다.

✚ 발화의 원인이 될 수 있는 유기전해액

앞에서 언급한 에탄올과 벤젠을 봐도 알 수 있겠지만, 유기전해액의 가장 큰 단점은 가연성이다. 다시 말해 휘발유처럼 불이 잘 붙는다는 뜻이다. 과거에 리튬이온전지가 발화하거나 폭발하는 등의 사고가 자주 일어났던 원인 중 하나는 전해액이 가연성이기 때문이다. 표 4-5를 보면 사슬형 카보네이트의 인화점이 상당히 낮다는 것을 알 수 있다.

현재 리튬이온전지의 발화문제는 많이 해결되었지만, 완벽하게 안전성이 인정된 것은 아니다. 그래서 현재도 항공화물로 리튬이온전지⟨를 포함하는 리튬전지 전반⟩를 보낼 때에는 엄격한 규정에 따라 발송해야 한다.

✚ 전극을 에워싸는 피막의 득과 실

질 좋은 전극 피막을 만드는 일도 전해액의 역할 중 하나다. 리튬이온전지에서는 부반응(여러 반응이 함께 일어날 때에 주된 반응 이외의 반응 – 옮긴이)으로 양쪽 전극 표면에 두께가 수십 나노미터인 아주 얇은 부동태 피막이 형성되며, 이를 SEISolid Electrolyte Interface라고 한다. 부동태란 반응성이 없는 상태를 뜻한다.

특히 음극인 흑연을 덮는 SEI는 처음 충전할 때 전해액의 환원반응으로 만들어진다. SEI는 리튬화합물을 포함하므로, 리튬을 소비하여 방전용량을 줄이고 충·방전효율을 떨어뜨린다. 여기까지만 보면 SEI는 유해하다는 생각이 들 것이다.

그런데 두 번째 사이클 이후의 충·방전 시에는 SEI가 충전으로 두꺼워졌다가 방전으로 얇아지기를 반복하면서, 결과적으로 안정피막이 되어 이온전도성을 지니게 되므로 충·방전효율을 거의 100%로 안정적으로 유지하는 데 공헌한다. 리튬이온전지가 오랫동안 안정적인 출력을 낼 수 있는 것은 SEI 덕분이다. 그런 의미에서는 SEI는 정말 큰 도움이 된다.

다만, 충·방전 사이클을 되풀이하면서 SEI가 점차 두꺼워지면 다시 유해한 존재가 되어 리튬이온전지가 열화하는 원인이 된다〈⇒p264〉.

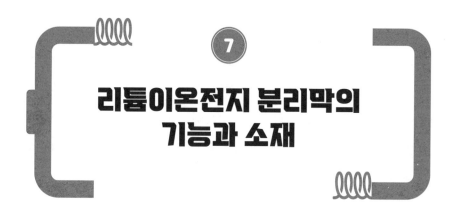

리튬이온전지 분리막의 기능과 소재

원래 분리막의 기능은 세 가지로, 이것은 모든 전지에 해당하는 내용이다. 리튬이온전지의 고성능화를 추구하는 과정에서, 분리막도 기능이 다양해지고 성능이 좋아지고 있다.

✛ 분리막의 기능과 필요한 성능

분리막의 3가지 기능은 다음과 같다.

❶ 양극과 음극을 분단하여 전해액을 차단한다. → 2차전지의 기본 구조를 유지하여, 산화환원 반응이 적절하게 일어날 수 있는 환경을 만든다.

❷ 양극과 음극의 접촉을 방지한다. → 두 전극이 단락되는 일을 막는다.

❸ 리튬이온의 전도성을 확보한다. → 분리막은 다공성으로, 전해액이 확산

하는 것을 막으면서 리튬이온만을 통과시킨다.

위의 3가지 기능을 높은 수준으로 실현하기 위해 분리막은 다음과 같은 성능을 지녀야 한다.

❶ 튼튼한 동시에 두께가 되도록 얇고 균일해야 한다. → 두께가 균일해야 이온전도가 부분적으로 집중되지 않는다. 분리막의 두께는 현재 15~30μm다. 전지의 소형화, 경량화, 강인화를 추구하기 위한 성능이다.

❷ 다공률porosity이 커야 한다. → 구멍이 작고 많아야 한다. 일반적으로 구멍의 지름은 수백 나노미터 이하다(1μm = 1,000nm).

❸ 고도의 절연성 → 양극과 음극을 절연해야 한다.

❹ 전해액과의 높은 친화성 → 습윤성이라고도 한다. 전해액과 분리막이 밀접하게 붙어 있어야 이온전도성이 높아진다.

❺ 내전압성·내전해액성 → 전극의 산화환원 전위에도 안정적이며, 전해액과도 반응하지 않아야 한다. 이를 통해 고용량화와 긴 수명을 실현할 수 있다.

✚ 소재가 지니는 긴급 셧다운 기능

위와 같은 성능이 필요한 분리막의 재료는 현재 폴리올레핀 계열이 주류지만, 그 밖에도 다양한 소재가 연구·개발 중이다. 폴리올레핀이란 특정 구조를 지닌 플라스틱을 총칭하는 말이다. 분리막의 재료로는 폴리에틸렌과 폴리프로필렌(그림 4-12), 그리고 이들의 복합 재료 등이 많이 쓰인다. 여기에 첨가제를 더하고 표면을 가공해서 성능을 강화하기도 한다.

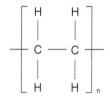

① 폴리에틸렌(PE)

- 밀도가 낮음(900~960kg/m³)
- 내열온도(70~110℃)
- 화학적·열적으로 안정됨

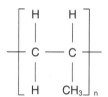

② 폴리프로필렌(PP)

- 밀도가 낮음(900~910kg/m³)
- 내열온도(100~140℃)
- 기계적 강도가 우수함

그림 4-12 **폴리에틸렌과 폴리프로필렌**

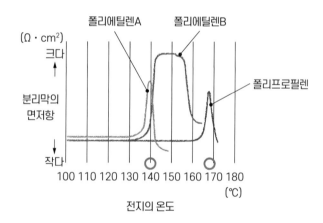

전해질에 분리막을 담그고 온도를 실온에서 180℃까지 올렸을 때 저항값의 변화다. 면저항이 상승했다는 말은 분리막의 전도성이 떨어졌다는 뜻이다. 폴리에틸렌(A와 B) 분리막은 약 140℃에서, 폴리프로필렌 분리막은 약 170℃에서 셧다운이 일어난다.

※ 〈리튬이온전지용 분리막의 기술 동향Technology Trend of Separator for Lithium Ion Battery〉, 요시노 아키라, 기능지연구회지 2015년 54권을 참고로 작성함.

그림 4-13 **분리막의 셧다운 기능**

폴리올레핀 계열 분리막은 전지의 열폭주를 방지하는 작용도 한다. 전지의 온도가 지나치게 오르면 분리막이 녹아 구멍이 막히면서 전지반응이 멈추기 때문이다. 이것을 셧다운 기능이라고 한다(그림 4-13).

리튬이온전지의 종류
—
리튬망간산화물
이온전지

음극으로 흑연, 양극 활물질로 리튬망간산화물($LiMn_2O_4$)을 사용하는 전지다. 리튬코발트산화물전지와 마찬가지로 용량, 전압, 에너지밀도, 사이클수명 등의 성능을 높은 수준으로 발휘하는 균형 잡힌 전지다.

재료인 망간의 가격이 코발트의 약 10분의 1, 니켈의 5분의 1 정도로 저렴하다. 제조도 쉬운 편이며, 리튬코발트산화물 이온전지의 열적 불안정성을 개선하여 안전성을 높였기에 전기자동차 탑재용 전지로 많이 쓰인다. 전기자동차에는 리튬망간산화물 이온전지와 함께 삼원계(NMC계) 전지를 탑재한 차도 늘어나고 있다. 전지반응은 다음과 같다.

《음극》 $Li_xC_6 \rightleftarrows C_6 + xLi^+ + xe^-$

《양극》 $Li_{1-x}Mn_2O_4 + xLi^+ + xe^- \rightleftarrows LiMn_2O_4$

《반응 전체》 $Li_xC_6 + Li_{1-x}Mn_2O_4 \rightleftarrows C_6 + LiMn_2O_4$

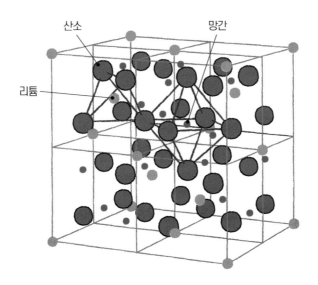

리튬은 산소의 사면체 중심에 위치하며, 망간은 산소의 팔면체 중심에 위치한다.

그림 4-14 **리튬망간산화물의 스피넬형 결정 구조**

✛ 스피넬형 결정 구조와 층간삽입

양극인 리튬망간산화물은 다른 리튬산화물과 달리 결정 구조가 층상이 아니라 스피넬형(그림 4-14)이다. 스피넬형은 첨정석(스피넬)이라는 광물의 결정 구조로, 화학 성분은 $MgAl_2O_4$다. 일반적으로 AB_2O_4(A는 2가 금속원소, B는 3가 금속원소)라는 화학식으로 나타낼 수 있는 산화물에서 많이 보이는 구조다.

스피넬형 결정 구조에는 수많은 빈 공간이 있으며, 리튬이온은 이 빈 공간을 통해 확산할 수 있으므로 층간삽입 반응이 가능하다(그림 4-15). 리튬망간산화물 이온전지가 코발트계와 니켈계 전지보다 견고한 이유도 이 스피넬 구조 덕분이다.

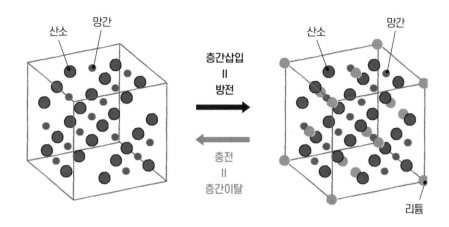

층간삽입
||
방전

충전
||
층간이탈

리튬

리튬망간산화물 이온전지를 방전하면 음극에서 이탈한 리튬이온이 이동해 양극에 흡착한다(층간 삽입). 충전할 때는 양극에서 리튬이온이 이탈해서(층간이탈) 음극으로 향한다.

그림 4-15 **충·방전 시의 리튬망간산화물 양극**

✛ 이론 용량이 리튬코발트산화물의 절반

화학식을 보면 알 수 있듯이 리튬망간산화물은 리튬 1mol당 망간이 2mol 포함되어 있다. 그래서 리튬 : 코발트 = 1 : 1인 리튬코발트산화물과 비교하면 중량당 이론 용량이 절반밖에 되지 않는다.

하지만 층상 구조와 달리 결정 구조는 견고하므로 리튬이온이 이탈해도 구조에 현저한 변형이 일어나지 않는다. 그래서 용량이용률이 높아 실용량으로 비교하면 리튬코발트산화물과의 차이는 그리 크지 않다(⇒p236).

리튬이온전지의 종류

리튬인산철 이온전지

음극으로 흑연, 양극 활물질로 리튬인산철(LiFePO₄)을 사용하는 전지다. 결정 구조가 층상도 아니고 스피넬형도 아닌 올리빈형이라는 점이 특징이다. '올리빈olivine'이란 '감람석'을 뜻하며, 감람석과 같은 결정 구조를 올리빈형 구조라고 한다. 인산(PO₄)이 골격을 형성하며, 산소가 사면체와 팔면체를 구성한다(그림 4-16).

올리빈형 결정 구조는 열적 안정성이 높다. 리튬코발트산화물이나 리튬망간산화물에 들어 있는 산소원자는 쉽게 떨어져나와 연소하여 열폭주를 일으키지만, 올리빈형 구조에서는 산소와 인이 강하게 결합하고 있어, 전지가 발열해도 산소가 쉽게 방출되지 않기 때문이다.

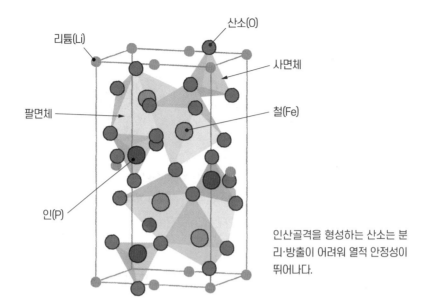

리튬(Li)
산소(O)
사면체
철(Fe)
팔면체
인(P)

인산골격을 형성하는 산소는 분리·방출이 어려워 열적 안정성이 뛰어나다.

그림 4-16 **리튬인산철(LiFePO$_4$)의 올리빈형 결정 구조**

✚ 리튬인산철의 장점

리튬인산철의 이론 용량이 리튬코발트산화물보다 상당히 작은 이유는, 산화환원 반응에 직접 관여하지 않는 산소와 인이 많이 들어 있기 때문이다. 하지만 리튬인산철 이온전지는 용량이용률이 높으며, 실용량은 리튬코발트산화물 이온전지보다 높다(⇒p237, 표 4-4).

또한 자체방전율이 작아서 장기 보존이 가능하며, 사이클수명도 긴 편이다. 게다가 망간과 비교하면 가격이 철의 수분의 1이라는 점도 리튬인산철 이온전지의 장점이다.

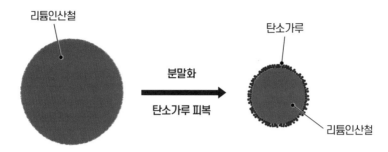

리튬인산철은 원래 전도성이 낮은 물질이므로, 가루로 만들고
탄소가루로 피복함으로써 전도성을 높인다.

그림 4-17 **리튬인산철 입자의 분말화와 탄소가루 피복**

✚ 전도성이 낮은 올리빈형으로 만든 전극

한편 전압과 에너지밀도가 다른 리튬이온전지보다 낮다는 단점이 있다. 원래 리튬인산철은 전도성이 낮아서 전극 활물질에는 적합하지 않다는 평가를 받아왔다. 하지만 그러한 문제는 활물질을 가루로 만들고 탄소가루로 피복하는 방법으로 해결할 수 있었다(그림 4-17).

또한, 리튬이온이 모두 이탈하면 부피가 7% 변화한다. 그래서 깊은 충·방전을 되풀이하면 부피 변화 때문에 양극의 구조가 변화하고 활물질이 부서져서 전지의 성능이 크게 떨어질 우려가 있다.

리튬인산철 이온전지의 전지반응은 다음과 같다.

《음극》 $Li_xC_6 \rightleftarrows C_6 + xLi^+ + xe^-$

《양극》 $Li_{1-x}FePO_4 + xLi^+ + xe^- \rightleftarrows LiFePO_4$

《반응 전체》 $Li_xC_6 + Li_{1-x}FePO_4 \rightleftarrows C_6 + LiFePO_4$

리튬이온전지의 종류

10

삼원계와 니켈계 리튬이온전지

음극으로 흑연, 양극 활물질로 리튬과 세 가지 금속원소를 사용하는 리튬이온전지를 삼원계 리튬이온전지라고 한다.

✛ 삼원계(NMC계) 리튬이온전지

니켈·망간·코발트(Ni-Mn-Co)와 리튬으로 이루어진 양극을 사용하는 리튬이온전지를 삼원계 리튬이온전지, 혹은 니켈·망간·코발트의 머리글자를 따서 NMC계 리튬이온전지라고 한다.

양극은 리튬코발트산화물에서 코발트의 일부를 니켈과 망간으로 치환하여 강도를 올린 것으로, 리튬코발트산화물과 거의 같은 층상결정 구조를 형성한다 (그림 4-18). 리튬코발트산화물 이온전지보다 이론 용량과 실용량이 크며, 사이클

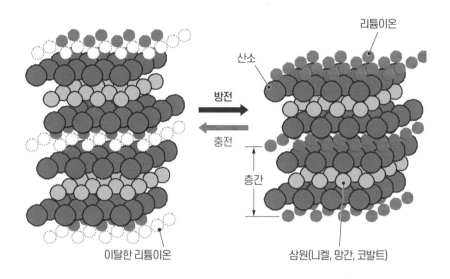

리튬이온

산소

방전

충전

층간

이탈한 리튬이온

삼원(니켈, 망간, 코발트)

산소, 삼원(니켈 , 망간, 코발트), 리튬의 층이 쌓인 층상암염 구조를 이룬다.

그림 4-18 **삼원계(NMC계) 양극 물질의 결정 구조**

수명도 더 길다(⇒p237, 표 4-4). 다만 세 원소의 함유비율에 따라 성능에 약간
의 차이가 있다.

　과충전과 물리적인 충격 때문에 단락이 일어날 위험이 있기는 하지만, 열적
안정성이 뛰어나서 전기자동차용 배터리로 쓰는 사례가 늘고 있다.

✚ 니켈계(NCA계) 리튬이온전지

　니켈·코발트·알루미늄(Ni-Co-Al)과 리튬으로 이루어진 양극을 사용하는
전지이므로 이것도 삼원계라고 할 수 있지만, 보통 '삼원계'라고 하면 NMC를

표 4-6 **넓은 의미의 삼원계(리튬 외의 세 가지 금속원소) 양극 활물질 현황**

결정 구조	양극 활물질	이론 용량 (Ah/kg)	실용량(실험값) (Ah/kg)	평균전압 (V)	현황
층상암염 구조	$LiNi_{0.33}Mn_{0.33}Co_{0.33}O_2$	280	160	3.7	상업 이용
	$LiNi_{0.8}Co_{0.15}Al_{0.05}O_2$	279	199	3.7	상업 이용
	$Li_2Mn_{0.66}Nb_{0.33}O_2F$	405	317	3.4	연구 중
	$Li_2Mn_{0.5}Ti_{0.5}O_2F$	461	321	3.4	연구 중
스피넬형 구조	$Li_{1.1}Al_{0.1}Mn_{1.8}O_4$	170	110	4.0	상업 이용
올리빈형 구조	Li_2CoPO_4F	287	230	4.8	연구 중

※ 플루오르(F) 함유 양극을 포함했다.
※ 〈축전 시스템蓄電システム(Vol.6)〉, 2019년 2월, 일본 국립 연구개발 법인 과학 기술 진흥 기구·저탄소 사회 전략 센터의 데이터를 참고로 작성함.

가리킬 때가 많으므로 이쪽은 NCA계 리튬이온전지라고 불린다.

니켈계 양극 활물질로는 먼저 리튬니켈산화물($LiNiO_2$)이 개발되었다. 리튬니켈산화물은 이론 용량이 크지만, 합성할 때 리튬(Li)이 부족한 $Li_{1-x}Ni_{1+x}O_2$가 생성되는 등의 여러 이유로 만들기가 어려워 양산에는 이르지 못했다. 또한 리튬이 이탈할 때 니켈과 리튬이 뒤바뀌거나, 리튬이 많으면 니켈의 위치까지 점유하는 문제도 발견되었다.

그래서 결정 구조를 안정시키기 위해 니켈의 일부를 코발트로 치환하는 한편, 내열성을 개선하기 위해 알루미늄을 첨가한 것이 NCA계 양극이다. 이것은 NMC계와 똑같은 층상 구조를 지니지만, 망간 대신 알루미늄을 사용했기에 이론 용량과 실용량은 NMC계와 비슷하고(표 4-6) 에너지밀도는 NMC계보다 더 높다(⇨p230, 표 4-2). 안전성이 확보되었기에 토요타 프리우스의 플러그인 하이브리드 모델에도 탑재되었다.

리튬이온전지의 종류
—
리튬폴리머 2차전지

전해질을 액체(전해액)가 아니라 젤 상태의 중합체(폴리머)로 만든 전지를 리튬폴리머 2차전지라고 부른다. 외장은 금속용기가 아니라 알루미늄래미네이트필름으로 감쌌기 때문에, 가볍고 형태가 자유롭다(그림 4-19). 전해질과 외장재를 제외하면 다른 리튬이온전지와 차이는 없다.

✚ 리튬폴리머 2차전지의 구조

젤 상태의 전해질로는 리튬염에 육플루오르화인산리튬($LiPF_6$)과 트리플루오로메탄설폰산리튬($LiCF_3SO_3$) 등을, 유기용매로는 에틸렌카보네이트(EC)와 디메틸카보네이트(DMC) 혹은 에틸렌카보네이트(EC)와 에틸메틸카보네이트(EMC)의 혼합용액을, 그리고 젤 상태의 중합체로는 폴리에틸렌옥사이드(PEO)

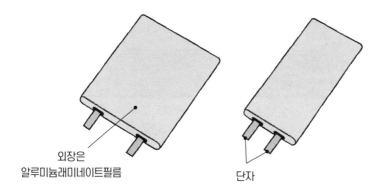

외장은
알루미늄래미네이트필름

단자

형태의 자유도가 높으며, 어느 정도는 접을 수도 있다. 단, 제조비용이 다소 비싸다.

그림 4-19 **리튬폴리머 2차전지(파우치형)의 외관**

와 폴리플루오르화비닐리덴(PVdF) 등을 사용한다. 젤 상태지만 이온전도도는 액체 전해질과 거의 똑같고, 젤 상태의 전해질을 감싸는 시트가 분리막의 기능도 한다(그림 4-20).

한편 음극 활물질인 흑연과 양극인 리튬산화물은 기본적으로 다른 리튬이온전지와 똑같은 것을 사용한다. 물론 그대로 쓰지는 않고 젤 상태의 중합체 전해질과 혼합해서 굳힌다. 이것은 전극 내에서 리튬이온의 이동성과 전도성을 올리기 위해서다.

✚ 젤 상태 전해질의 장점

리튬폴리머 2차전지의 성능은 같은 전극 활물질과 전해질(액체)을 사용하는 리튬이온전지와 거의 같다. 여기에 더해서 가볍고 어떠한 형태의 제품으로

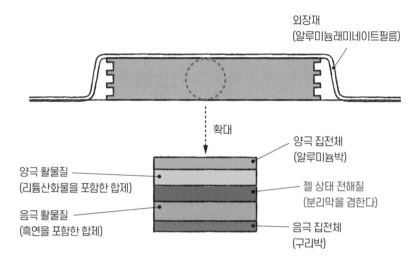

외장재
(알루미늄래미네이트필름)

양극 집전체
(알루미늄박)

양극 활물질
(리튬산화물을 포함한 합제)

젤 상태 전해질
(분리막을 겸한다)

음극 활물질
(흑연을 포함한 합제)

음극 집전체
(구리박)

확대

기본 구조는 리튬이온전지와 거의 똑같다. 단, 분리막은 따로 없으며 젤 상태의 전해질을 감싸는 시트가 분리막의 기능을 한다.

그림 4-20 **리튬폴리머 2차전지의 구조**

도 가공할 수 있으며 접힐 정도로 유연하다는 특징도 있다.

또한 유기용매를 사용하므로 화재의 위험이 전혀 없다고는 할 수 없지만, 액체 전해질을 사용하는 리튬이온전지보다는 안전성이 높다. 예를 들어 단락이 일어나 기체가 발생하더라도, 래미네이트필름이 부풀어오를 뿐이지 파열할 위험은 없다. 물론 그렇게 되면 전지는 사용할 수 없다.

이처럼 액체 전해질을 사용하는 이온전지보다 안전 면에서 우수한 리튬폴리머 2차전지는 스마트폰, 랩톱컴퓨터, 각종 웨어러블기기의 전원으로 널리 쓰이고 있다. 다만 제조비용이 다소 비싸다는 점이 단점이다.

12

사고를 방지하는 배터리관리시스템

리튬이온전지의 역사를 살펴보면, 발화와 파열사고에 대처하는 방법을 개발하는 것이 주요 연구 주제였다. 사고의 원인은 크게 기계적 원인과 전기화학적 원인으로 나눌 수 있다. 기계적 원인으로는 강한 충격, 낙하, 상처 내기, 기기불량 등이 있고 전기화학적 원인으로는 과방전, 과충전, 장기 보관, 부적절한 사용법 등이 있다. 부적절한 사용법이란 예를 들어 양극과 음극 표시를 지키지 않고 전지를 거꾸로 넣어서 쓰기, 새 전지와 오래된 전지를 연결하기, 종류가 서로 다른 전지를 연결하기 등이다.

하지만 리튬이온전지를 포함한 대부분의 2차전지는 방전 자체가 발열반응이므로 열에 의한 영향을 피할 수 없다. 따라서 전지의 온도 관리와 열폭주 방지가 매우 중요하다. 참고로 니카드전지와 NAS전지는 방전도 발열반응이지만, 니켈-수소전지는 방전이 흡열반응이고 충전이 발열반응이다.

✛ 배터리관리시스템

리튬이온전지는 반응성이 높은 리튬을 활물질로 사용하고 인화성이 있는 유기용매를 전해질로 사용하기 때문에, 처음에 만들어질 때부터 발화할 위험이 높은 전지였다. 또 덴드라이트가 발생할 가능성도 없지 않다. 하지만 그러한 위험성을 극복하기 위해 개량을 반복하고 대응책을 마련했기에, 현재는 안전한 전지가 되었다.

일반적으로 리튬이온전지는 열폭주를 방지하기 위한 보호회로가 달린 전지팩의 형태로 사용한다. 전지팩에는 여러 전지(셀)를 연결한 묶음전지 외에도 과전류·과전압 보호, 과충전·과방전 보호, 단락 방지, 출력 관리, 온도 관리 등을 담당하는 보호회로와 보호기능이 내장되어 있다.

닛산의 전기자동차 리프에는 4개의 셀이 들어 있는 전지팩 48개가 탑재되어 있으므로, 총 192개의 리튬이온 셀을 사용하는 셈이다. 이들 전지의 충전 상태와 온도 등을 아주 정밀하게 감지하여 전체적으로 적절한 안전제어를 하는 시스템을 배터리관리시스템Battery Management System, BMS이라고 한다. 리프는 BMS 두 개로 전지를 관리·제어한다.

BMS의 주요 목적을 정리하면 ❶전지의 안전성 확보, ❷전지성능 확보, ❸ 전지수명 확보이며, 이 세 가지 목적을 위해 전지를 제어한다.

그림 4-21에 BMS의 구성 사례를, 그림 4-22에 BMS의 주요 기능 중 하나인 셀 균형 유지를 소개했다.

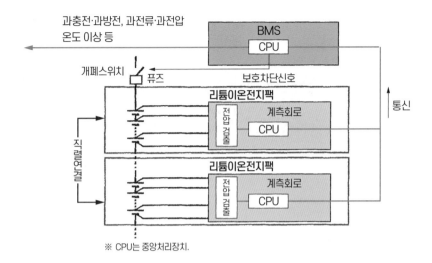

※ CPU는 중앙처리장치.

BMS는 과충전·과방전, 과전류·과전압, 온도 이상 등을 검출하는 외에도 각 셀의 용량균형(그림 4-22)을 유지하는 기능도 한다.

그림 4-21 **BMS 구성 사례**

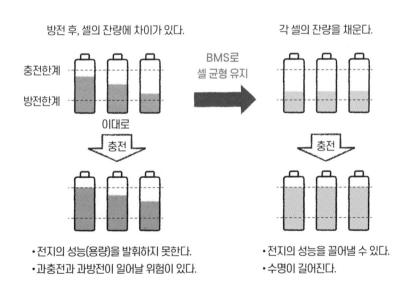

그림 4-22 **BMS에 의한 셀 균형 유지**

13

리튬이온전지의
열화와 재활용

전지는 정상적으로 사용해도 점점 열화하여 사이클수명을 다하게 된다. 여기서 말하는 열화란 '자연히 일어나는 충·방전용량과 전압의 저하'를 말한다 (그림 4-23). 리튬이온전지의 주요 열화요인은 아래 네 가지다.

❶ 전극의 변형과 활물질의 박리

리튬이온이 흡착·이탈할 때마다 전극 활물질의 결정 구조는 다소 변형되며, 충·방전 사이클을 반복하다보면 비가역적인 변형이 일어나 결국에는 일부가 박리되고 만다. 이렇게 떨어져나간 활물질은 전지반응에 더는 관여할 수 없다.

❷ 전극 표면 피막(SEI)의 성장 ⟨⇒ p241⟩

SEI는 전지반응에 긍정적인 영향을 주기도 하지만, 시간이 지나 두꺼워지면 전극과 전해질의 밀착성을 떨어뜨린다. 이렇게 되면 내부 저항이 증가하고, 전해액도 감소한다.

❸ 리튬이온의 이동량 감소

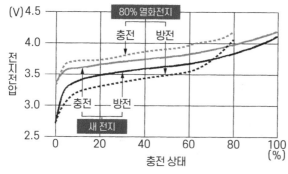

충전전압곡선과 방전전압 곡선의 차는 에너지손실을 뜻한다. 용량이 80%만큼 열화한 전지에서는 충전전압이 커지고 방전전압이 작아져서 에너지손실이 확대된다.

그림 4-23 **리튬이온전지의 열화에 따른 충·방전전압의 변화사례**

리튬이온이 리튬금속이 되어 전극 표면에 석출되며, 그 양이 늘어나면 전지 반응의 주체인 리튬이온이 감소한다.

❹ 배터리관리시스템(BMS)의 열화

BMS는 회로와 소프트웨어로 이루어지는데, 그 정확도가 떨어지면 셀 균형 유지 등의 기능이 제대로 작동하지 않아서 전지의 성능이 떨어진다.

이러한 요인 외에도 완전 충전이나 완전 방전 상태에서 방치한다거나, 고온 다습한 환경에서 보관하면 열화가 더 빨라질 수 있다.

✚ 리튬이온전지의 재활용

일반적으로 전지의 폐기방법은 종류에 따라 세 가지로 나눌 수 있다. 단, 어떤 전지든 기본적으로는 기기에서 꺼내 전지 회수상자에 넣거나 회수협력점에 가져가는 것이 가장 좋은 방법이다.

❶ 건전지와 리튬 1차전지 등은 일반 불연성쓰레기로 배출한다(우리나라는 회수

단자를 절연

전지 전체를 절연

셀로판테이프

전지를 불연성쓰레기로 배출하든(건전지 등) 회수상자에 넣든(단추형 전지) 항상 그림처럼 테이프로 절연해야 한다.

그림 4-24 **전지 버리는 방법**

Li-ion

리튬이온전지는 회수와 재활용이 의무화되어 있다.

그림 4-25 **재활용 마크**

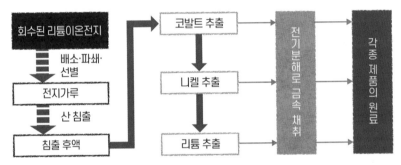

회수된 리튬이온전지

배소·파쇄·선별

전지가루

산 침출

침출 후액

코발트 추출

니켈 추출

리튬 추출

전기분해로 금속 채취

각종 제품의 원료

그림 4-26 **리튬이온전지의 재활용 흐름**

함에 넣어 회수하는 경우가 많다 - 감수자). 이때 반드시 단자 부분을 셀로판테이프 등으로 절연 처리해야 한다(그림 4-24).

❷ 단추형 전지는 불연성쓰레기로 배출할 수 없다. 미량의 수은이 들어 있는 제품이 있으므로, 구리 등과 함께 회수하여 재활용한다(그림 4-24).

❸ 일본에서는 '자원 유효 이용 촉진법'을 제정하여 리튬이온전지, 니카드전지, 니켈-수소전지 등의 소형 2차전지를 회수·재활용하도록 의무화했다. 이들 전지에는 재활용 마크가 인쇄되어 있다(그림 4-25). 코발트와 니켈 등의 금속은 회수하여 재활용한다(그림 4-26).

14

리튬 2차전지의 종류
—
이산화망간-리튬 2차전지

리튬금속전지는 용량이 매우 크지만, 음극으로 쓰이는 리튬금속에서 덴드라이트가 발생하는 문제 때문에 아직 실용화하지 못했다. 대신 리튬이온전지와 리튬 2차전지가 개발되었으며, 여기서는 리튬 2차전지를 살펴본다.

리튬 2차전지 중에는 리튬이온전지와 원리가 거의 똑같은 것도 있지만, 리튬이온전지의 정의(음극 활물질이 흑연 등의 탄소 재료일 것)〈⇒p220〉에 부합하지 않으므로 '리튬 2차전지'라고 부른다.

리튬 2차전지는 음극으로 리튬금속이 아니라 리튬합금을 사용한다. 이것은 덴드라이트가 발생할 장소를 틀어막기 위한 조치다. 그만큼 에너지밀도가 떨어지지만, 안전성을 우선시한 결과라고 할 수 있다.

✛ 이산화망간-리튬 2차전지

리튬 2차전지로는 최초로 실용화한 전지다. 음극 활물질로 리튬알루미늄 합금(LiAl)을, 양극 활물질로 층상 구조를 지닌 이산화망간을, 전해질로 유기 전해액을 사용한다(그림 4-27). 이산화망간-리튬 1차전지〈⇨p217〉와 마찬가지로, 방전할 때 음극에서 리튬이온이 녹아나와 양극으로 이동하여 이산화망간에 흡착(층간삽입 반응)한다. 2차전지에서는 이 반응이 가역적으로 일어나서, 충전할 때는 방전할 때의 역반응이 일어난다(그림 4-28).

다만 양극으로 쓰는 이산화망간은 충·방전을 되풀이하면 열화하므로, 2차전지에서는 품질을 개량한 것을 사용한다.

음극, 양극, 그리고 전체 반응은 다음과 같다.

《음극》 $LiAl \rightleftarrows Al + Li^+ + e^-$

《양극》 $MnO_2 + Li^+ + e^- \rightleftarrows MnOOLi$

《반응 전체》 $MnO_2 + LiAl \rightleftarrows MnOOLi + Al$

공칭전압은 3V, 사이클수명은 300~500회(방전심도 20%)다〈⇨p193〉. 자체방전율도 연 2% 이하로 작아서 캘린더수명이 길다. 디지털카메라, 손목시계, 각종 계기의 전원으로 쓰이며, 사무기기나 PC 등의 백업전원으로 쓰기도 한다.

참고로 이산화망간-리튬 2차전지와 아주 비슷한 전지로 망간-리튬 2차전지가 있다. 음극으로 LiAl, 양극으로 스피넬 구조를 지닌 리튬망간산화물($LiMn_2O_4$)을 사용하며 공칭전압은 3V다.

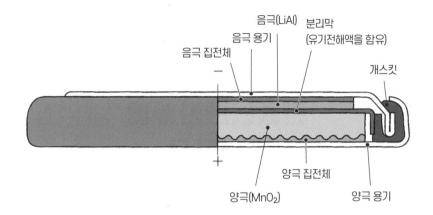

음극 집전체 ─ 음극 용기 음극(LiAl) 분리막
(유기전해액을 함유)

개스킷

양극(MnO₂) 양극 집전체 양극 용기

그림 4-27 **동전형 이산화망간-리튬 2차전지의 구조**

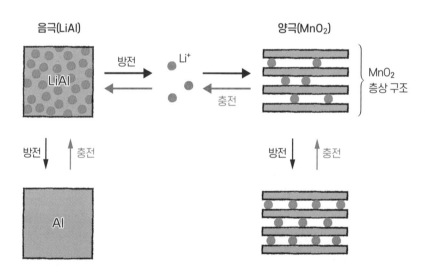

음극(LiAl) 양극(MnO₂)

LiAl 방전 Li⁺ MnO₂
충전 층상 구조

방전 충전 방전 충전

Al

방전할 때 음극(LiAl)에서 녹아나온 리튬이온이 양극인 이산화망간(MnO₂)에 층간삽입된다. 이 반응은 가역적이며, 충전할 때는 역반응이 일어난다.

그림 4-28 **이산화망간-리튬 2차전지의 원리**

리튬 2차전지의 종류

리튬티탄산화물 2차전지

음극으로 리튬티탄산화물(LTO)을 사용하는 2차전지 중 가장 많이 보급되어 있는 것은 2008년에 도시바에서 상품화한 SCiB다. SCiB는 'Super Charge ion Battery'의 머리글자에서 유래한 등록상표다. 이름에 'ion Battery'라고 쓰여 있듯이, 충·방전 원리는 리튬이온전지와 마찬가지로 리튬이온이 전극에 흡착·이탈하는 일이다. 양극은 리튬망간산화물($LiMn_2O_4$)이며, 음극과 양극 모두 스피넬형 구조를 지닌다.

리튬티탄산화물 2차전지의 음극에서 일어나는 방전과 충전은 다음 반응식으로 나타낼 수 있다.

《음극》 $Li_7Ti_5O_{12} \rightleftarrows Li_4Ti_5O_{12} + 3Li^+ + 3e^-$

리튬티탄산화물의 단점은 이론 용량과 에너지밀도가 흑연 음극보다 작으

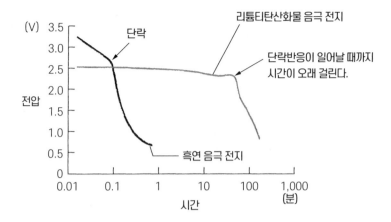

음극에서 석출된 리튬금속의 덴드라이트가 양극에 도달하여 단락이 일어나더라도, 리튬티탄산화물(LTO) 음극 전지에서는 내부 단락전류를 약 1000분의 1로 억제할 수 있다.

※ 도시바의 그림을 참고하여 작성함.

그림 4-29 **단락에 의한 전압 저하**

며, 평균전압도 2.4V로 낮다는 점이다. 하지만 리튬이온의 흡착·이탈에 따른 부피 변화가 대략 50분의 1 정도뿐이라는 뛰어난 장점이 있으며, 흑연 음극보다 수명이 약 6배나 길다.

또한, 리튬금속이 거의 석출되지 않는다는 것도 아주 큰 장점이다. 흑연 음극을 사용하는 리튬이온전지도 덴드라이트가 잘 발생하지 않는 편이지만, 저온 환경에서 충전하거나 급속 충전으로 큰 전류를 흘리면 덴드라이트가 발생할 가능성이 있다. 하지만 리튬티탄산화물에서는 그런 걱정을 할 필요가 없어 급속 충전할 수 있으며, 덴드라이트를 막기 위한 분리막을 얇게 만들 수 있어서 전지를 작고 가볍게 할 수 있다.

그리고 설령 덴드라이트가 발생하여 양극과 접촉해도, 내부 단락전류는 거

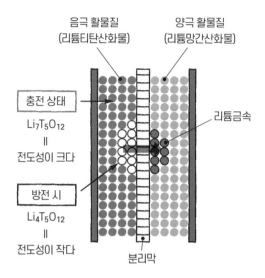

음극 활물질
(리튬티탄산화물)

양극 활물질
(리튬망간산화물)

충전 상태

$Li_7T_5O_{12}$

=

전도성이 크다

리튬금속

방전 시

$Li_4T_5O_{12}$

=

전도성이 작다

분리막

음극 활물질인 리튬티탄산화물(LTO)은 $Li_7T_5O_{12}$일 때는 전도성이 크지만, $Li_4T_5O_{12}$가 되면 전도성이 낮아진다. 따라서 리튬금속이 석출되어 발생한 덴드라이트가 양극에 도달하더라도, 단락전류는 흐르지 않는다.

※ 도시바의 그림을 참고하여 작성함.

그림 4-30 **리튬티탄산화물의 상전이**

의 흐르지 않는다. 리튬티탄산화물은 충전 상태($Li_7Ti_5O_{12}$)에서는 전도성이 크지만, 방전할 때는 저전도체($Li_4Ti_5O_{12}$)로 상전이하기 때문이다(그림 4-29, 4-30).

이처럼 리튬티탄산화물 음극을 사용하는 SCiB는 흑연 음극을 사용하는 리튬이온전지보다 높은 안전성과 신뢰성을 확보하고, 저온 환경에서 작동할 수 있고 급속 충전도 가능하다는 점 때문에 전기자동차와 대규모 축전 시스템에서 널리 사용되고 있다.

✚ 리튬티탄산화물을 음극으로 사용한 전지

SCiB 외에도 음극 활물질로 리튬티탄산화물을 사용하는 다른 2차전지도 있다. 예를 들어 리튬코발트산화물을 양극 활물질로 사용하는 코발트·티탄·리튬 2차전지가 판매되고 있다. 제조사에 따라 성능이 다르지만, 평균전압이 3V, 사용온도가 −40~85℃, 실온에서 10년 보관해도 95%의 용량을 유지하는 제품도 있다. 또한 리튬인산철, 삼원계 재료, 리튬·니켈·망간 산화물 등을 양극으로 사용하는 2차전지도 있다.

16

리튬 2차전지의 종류
—
바나듐계, 니오브계 리튬 2차전지

바나듐-리튬 2차전지는 양극 활물질로 오산화바나듐(V_2O_5), 음극 활물질로 리튬알루미늄 합금(LiAl)을 사용하는 동전형 2차전지다. 오산화바나듐은 층상 구조를 지니며, 리튬이온을 흡장·방출할 수 있다. 이 사실은 오래전부터 알려져 있었기에 오산화바나듐을 사용하는 리튬 1차전지가 먼저 개발되었다.

양극에서의 화학반응은 다음과 같다.

《양극》 $V_2O_5 + xLi^+ + xe^- \rightleftarrows Li_xV_2O_5$

공칭전압은 3V다. 오산화바나듐은 전도성이 낮아서, 충·방전에 시간이 걸린다는 단점이 있다. 하지만 리튬이온이 삽입되면 가수(V^{5+})가 작아지면서 전도성이 커진다.

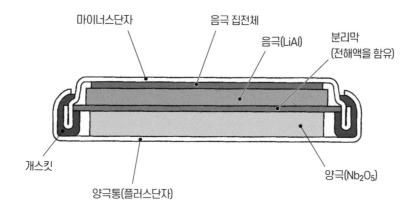

마이너스단자　　음극 집전체

음극(LiAl)

분리막
(전해액을 함유)

개스킷

양극통(플러스단자)

양극(Nb₂O₅)

그림 4-31 **동전형 니오브-리튬 2차전지의 구조**

자체방전율이 실온에서 연 2%로 우수하기 때문에 화재경보기의 전원으로
쓰이는 한편 영상기기, 통신기기, 의료기기 등의 메모리백업용 전원으로도 사
용된다.

✚ 니오브-리튬 2차전지

니오브는 바나듐과 마찬가지로 5족 원소에 속하는 희소금속이다. 바나듐
의 원자번호가 23이고, 니오브는 41이다. 5족 원소는 녹는점과 끓는점이 높
고 내식성이 뛰어나다는 특징을 지닌다.

니오브-리튬 2차전지는 양극 활물질로 오산화니오브(Nb₂O₅), 음극 활물질
로 리튬알루미늄 합금(LiAl)을 사용하는 동전형 2차전지다(그림 4-31). 오산화
니오브도 리튬이온을 흡장·방출할 수 있다. 공칭전압은 2V로 바나듐-리튬

표 4-7 **주요 리튬 2차전지**

전지이름	음극 활물질	양극 활물질	공칭전압(V)	사용온도	사이클수명(회)
이산화망간-리튬 2차전지	리튬알루미늄 합금 LiAl	이산화망간 MnO_2	3.0	-20~60℃	300~500 (심도 20%)
망간-리튬 2차전지	리튬알루미늄 합금 LiAl	리튬망간산화물 $LiMn_2O_4$	3.0	-20~60℃	300~500 (심도 20%)
리튬티탄산화물 2차전지(SCiB)	리튬티탄산화물 $Li_4Ti_5O_{12}$	리튬망간산화물 $LiMn_2O_4$	2.4	-30~60℃	15000 (심도 80%)
코발트·티탄·리튬 2차전지	리튬티탄산화물 $Li_4Ti_5O_{12}$	리튬코발트산화물 $LiCoO_2$	3.0	-40~85℃	1000 (심도 20%)
바나듐-리튬 2차전지	리튬알루미늄 합금 LiAl	오산화바나듐 V_2O_5	3.0	-20~60℃	40~60 (심도 100%)
니오브-리튬 2차전지	리튬알루미늄 합금 LiAl	오산화니오브 Nb_2O_5	2.0	-20~60℃	300 (심도 20%)

2차전지보다 1V 낮지만, 자체방전율이 비슷하고 전해액이 잘 누출되지 않는다는 장점이 있다. 그래서 스마트폰의 전원, 그리고 각종 전자기기의 보조 전원이나 메모리백업용 전원으로 쓰인다.

니오브계 리튬 2차전지 중에는 오산화니오브를 양극 활물질이 아니라 음극 활물질로 사용하는 전지도 있다. 예를 들어 음극으로 오산화니오브, 양극 활물질로 리튬코발트산화물($LiCoO_2$)을 사용하는 2차전지가 있다. 또한 음극 활물질로 오산화니오브, 양극 활물질로 오산화바나듐을 사용하는 바나듐·니오브·리튬 2차전지도 1990년에 개발되었다.

표 4-7에 그동안 소개한 주요 리튬 2차전지의 성능 일부를 정리했다.

산화수와 전하

전지반응은 산화환원 반응이므로 음극과 양극에서 무엇이 산화하고 무엇이 환원되었는지 파악하는 일은 중요하다. 이때 산화수를 알면 도움이 된다. 산화수란 산화한 정도를 나타내는 수치로, 산화수의 변화를 보면 산화했는지 환원되었는지를 판단할 수 있다. 참고로 환원수라는 말은 없다.

그럼 산화수가 구체적으로 무엇인지 살펴보자. 우선 원자나 분자가 전기적으로 중성이면 산화수는 0이다. 만약 원자나 분자가 산화해서 전자를 1개 방출했다면 산화수는 +1, 2개 방출했다면 +2가 된다. 반대로 환원되어 전자를 1개 받으면 -1이 된다.

금속처럼 원자 하나로 이루어진 것이나, 수소기체처럼 개개의 원자가 결합한 것은 산화수가 0이다. 또한, 화합물도 전기적으로 중성이라면 전체 산화수는 0이다. 이온은 전하의 수와 산화수가 같다. 이렇게 보면 산화수와 전하는 거의 같은 것으로, 둘 다 전기적 중성 상태에서 전자가 얼마나 증감했는지를 나타낸 것이다. 차이가 있다면 전하는 이온이나 분자 전체가 대상이지만, 산화수는 이온과 분자 전체뿐만 아니라 이를 구성하는 각 원자도 대상이 될 수 있다는 점이다.

황산구리($CuSO_4$)를 예로 들어 보자 전체적으로는 전기적으로 중성이므로 산화수가 0이며, SO_4는 2가 음이온이 되므로 산화수가 -2다. 따라서 Cu의 산화수는 0 - (-2) = +2가 된다. 이 산화수가 화학반응 전후로 커졌다면 Cu는 산화, 작아졌다면 환원된 것이다.

화합물 내 원자의 산화수에는 다음과 같은 다섯 가지 원칙이 있으며, 이에 따라 화학반응식의 각 반응물의 산화수를 구할 수 있다.

① 수소 H는 +1, ② 산소 O는 -2, ③ 알칼리금속은 +1, ④ 2족 원소는 +2, ⑤ 할로겐은 -1

전지반응식을 산화수로 이해하기

니카드전지의 방전반응(⇨ p133)을 산화수와 함께 살펴보자.

전체 산화수 → 0   0   0   0   0

《반응 전체》 $Cd + 2NiOOH + 2H_2O \rightarrow Cd(OH)_2 + 2Ni(OH)_2$

원자 등의 산화수 → [0]   [+3] -2 -1   +1×2 -2   [+2] -1×2   [+2] -1×2

따라서 Cd은 산화수가 0 → +2가 되어 2만큼 커졌으므로 산화했으며, Ni은 산화수가 +3 → +2가 되어 1만큼 작아졌으므로 환원되었음을 알 수 있다.

5장

차세대 2차전지 이야기

2차전지의 고성능화에 관한 산업계의 요구는 갈수록 커지고 있다.

더 높은 출력, 더 큰 용량, 더 큰 안전성!

하지만 리튬이온전지의 성능은 이론적인 한계에 다달았다는 지적이 있으며,

전 세계에서 새로운 2차전지의 개발 경쟁이 격화하고 있다.

무엇이 현재의 리튬이온전지를 밀어내고 그 자리를 차지할지,

유력한 후보들을 소개한다.

1

차세대 2차전지의
선두를 달리는 전고체전지

차세대 2차전지의 연구개발은 춘추전국시대를 맞이했다. 현재 2차전지의 왕이라고 할 수 있는 리튬이온전지Lithium Ion Battery, LIB의 성능이 거의 이론적인 한계에 도달했기 때문이다. 이런 상황에서 산업계가 전지에 요구하는 성능은 더욱 높아지고 있다.

예를 들어 리튬이온전지를 사용하는 전기자동차가 한 번 충전해서 달릴 수 있는 거리는 350km에 달한다. 하지만 한 번 주유해서 500km를 달릴 수 있는 가솔린엔진 자동차를 넘어서지는 못한다. 전기자동차가 가솔린엔진 자동차의 주행거리를 추월하려면 리튬이온전지를 뛰어넘는 새로운 고성능 2차전지가 필요하다.

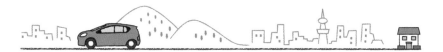

용량을 더 크게!

한 번 충전해서 먼 거리를 달릴 수 있다.

충전을 더 빠르게!

리튬이온전지의 수분의 1에서 10분의 1 정도의 짧은 시간에 급속 충전할 수 있다.

방전을 더 빠르게!

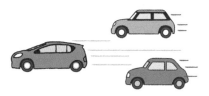

순발력이 크고 가속 성능이 뛰어나다.

더 안전하게!

불이 날 위험이 적어서 더 안전하게 사용할 수 있다.

수명을 더 길게!

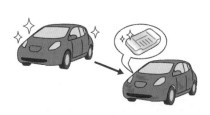

사이클수명과 캘린더수명이 길고 내구성도 높다.

그림 5-1 **차세대 2차전지의 개발 (전기자동차 탑재를 예로 들어)**

✚ 차세대 2차전지 상위 5

차세대 2차전지 연구에서는 아주 다양한 가능성을 시험하고 있기에, 수많은 후보 전지가 존재한다. 주로 어떤 성능을 향상하려 하는지 전기자동차를 예로 들어 그림 5-1에 정리했다. 각 항목의 연구 대상은 주로 전해질, 양극, 음극의 세 분야로 나뉜다.

현재 연구 중인 차세대 2차전지 가운데 유망한 상위 5순위를 굳이 고른다면, ①전고체전지, ②리튬-황전지, ③금속-공기전지, ④나트륨이온전지, ⑤다가이온전지를 들 수 있다. 하지만 그 밖에도 주목할 만한 또 다른 여러 전지가 있으므로, 어느 것이 앞으로 천하를 제패할지 섣불리 단정할 수는 없다.

✚ 전고체전지란 고체 전해질을 사용하는 2차전지

전고체전지란 전지를 구성하는 모든 재료가 고체인 전지를 말한다. 일반적으로 전지 재료 중에서 액체인 것은 전해액뿐이므로, '고체 전해질을 사용하는 2차전지 = 전고체전지'라고 할 수 있다.

사실 이미 실용화된 고체 전해질을 쓰는 전지가 있기는 하다. 예를 들어 NAS전지(나트륨-황전지(⇒p152))의 전해질은 고체인 첨단 세라믹이다. 그러나 전극 활물질이 액체이므로 NAS전지는 진정한 의미의 전고체전지라고는 할 수 없다.

과거에 유일하게 상품화한 전고체전지는 음극으로 리튬금속, 양극으로 요오드를 사용하는 요오드-리튬전지다. 요오드-리튬전지에는 원래 전해액과 분리막이 없는데, 리튬과 요오드가 반응하여 요오드화리튬(고체)이 되어 전해액과 분리막의 기능을 하기 때문이다. 전해질이 고체인 덕분에 안전성이 높아서 인공 심장박동기의 전원으로 널리 쓰이고 있다. 단, 요오드-리튬전지는 1차전지다.

✚ 전고체전지의 종류

전고체전지는 전해질을 고체로 만든 것으로, 기본적인 전극 재료는 기존 전지와 같기 때문에 전지반응도 똑같다. 전해질이 고체면 이온의 이탈·흡착으로 충·방전이 이루어지는 이온전지의 일종이 된다. 전도 이온의 후보로 나트륨이온, 칼륨이온, 은이온 등 다양한 이온을 모색하고 있지만, 주류는 역시 리튬이온이다.

전고체 리튬이온전지는 고체 전해질로 무기물질을 사용하므로, 가연성 유기용매를 사용하는 리튬이온전지보다 안전성이 높다. 전해질 재료로는 산화물계, 황화물계, 질화물계가 있으며 각각 장단점이 있다. 그중에서도 주류인 황화물계는 가장 전도성이 뛰어나지만, 상대적으로 발화하기 쉽고 물에 약하다는 단점이 있어서 산화물계 개발에 무게를 두는 제조사도 있다.

활물질의 형태에는 얇은 막형과 벌크형이 있다(그림 5-2). 얇은 막형은 저항이 작지만, 용량도 작아진다. 따라서 용량을 늘리려면 얇은 막을 층층이 쌓는 방법으로 면적을 넓혀야 한다. 얇은 막형은 제조하기 쉬워서 이미 상품화한 제품도 있다. 이에 비해 벌크형은 전극을 두껍게 만들 수 있어서 그만큼 용량이 크지만, 어떻게 저항을 줄이느냐가 과제다. 참고로 벌크bulk란 '커다란 덩어리'라는 뜻이다.

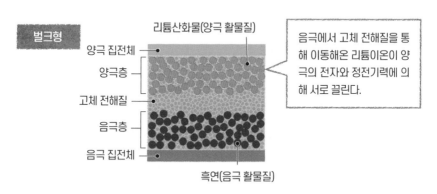

양극층은 양극 활물질, 고체 전해질, 전도보조제 등으로 이루어지며, 음극층은 음극 활물질, 고체 전해질, 전도보조제 등으로 이루어진다.

그림 5-2 **전고체전지의 종류와 구조**

✚ 전고체 리튬이온전지의 장단점

한때 고체 전해질은 전해액보다 이온전도성이 낮아서 고성능 전지를 만들기 어렵다는 인식이 있었다. 하지만 이온전도성이 높은 황화물 고체 전해질, 그리고 전도율이 유기전해액보다 훨씬 높은 새로운 세라믹유리 재료가 발견되자 전고체 리튬이온전지의 연구개발에 속도가 붙었다.

세라믹유리란 원래 결정 구조를 지니지 않는(=비결정질) 유리 안에 미세한 결정을 석출시킨 재료를 말한다. 전해액보다 우수한 이온전도성을 지니기에 초

표 5-1 **리튬계 고체 전해질의 이온전도도(실온)**

이온전도성 재료			이온전도도 (S/cm)	전해액 리튬이온전지와의 전도도 비교
분류	구조	성분		
산화물계	결정질	$Li_{1.3}Al_{0.3}Ti_{1.7}(PO_4)_3$	7.0×10^{-4}	14분의 1
		$La_{0.51}Li_{0.34}TiO_{2.94}$	1.4×10^{-3}	7분의 1
		$Li_7La_3Zr_2O_{12}$	5.1×10^{-4}	20분의 1
	비결정질	$Li_{2.9}PO_{3.3}N_{0.46}$	3.3×10^{-6}	3,000분의 1
황화물계	결정질	$Li_{10}GeP_2S_{12}$	1.2×10^{-2}	1.2배
		$Li_{3.25}Ge_{0.25}P_{0.75}S_4$	2.2×10^{-3}	5분의 1
		Li_6PS_5Cl	1.3×10^{-3}	8분의 1
	비결정질	$70Li_2S\text{-}30P_2S_5$	1.6×10^{-4}	63분의 1
	세라믹유리	$Li_7P_3S_{11}$	1.7×10^{-2}	1.7배
기타	결정질	$Li_2B_{12}H_{12}$	2.0×10^{-5}	500분의 1
		$Li_3OCl_{0.5}Br_{0.5}$	1.9×10^{-3}	5분의 1

※ 이온전도도의 'S'는 '지멘스'다. 전기저항 Ω의 역수로, 전류가 흐르기 쉬운 정도를 나타낸다.
※ 전해액 리튬이온전지와의 전도도 비교에서는, 전해액을 사용하는 일반적인 리튬이온전지의 값으로 1.0×10^{-2}를 사용했다.
※ 《전고체전지 입문全固体電池入門》(다카다 가즈노리 편저 외, 닛칸코교신분샤, 2019년)의 데이터를 참고로 작성함.

이온전도체라고도 불린다(표 5-1).

전고체 리튬이온전지에는 높은 안전성, 내열성, 저온부터 고온까지 높은 사용온도, 긴 수명, 경량화와 소형화가 쉬움, 대규모 묶음전지를 구성할 수 있음, 급속 충전 가능 같은 다양한 장점이 있으며 대부분의 면에서 리튬이온전지를 뛰어넘을 것으로 예상된다. 그래서 소형 전자기기, 전기자동차, 인공위성 전원 등 수많은 용도를 생각해볼 수 있다. 단점은 내부 저항이 높다는 점인데, 이 단점을 개선하기 위해 다방면으로 연구가 진행되고 있다.

꿈 같은 리튬금속 2차전지, 리튬-황전지

리튬금속 2차전지는 리튬이온전지보다 용량을 몇 배나 더 크게 만들 수 있지만, 충전할 때 덴드라이트(⇒p196)가 발생하는 문제 때문에 제품화하지 못하고 대신 리튬이온전지와 리튬 2차전지가 만들어졌다.

하지만 리튬금속 2차전지의 실용화를 포기하지 않은 전 세계의 연구자는 음극으로 리튬금속, 양극으로 황화합물을 사용하는 리튬-황전지를 개발하고 있다. 작동전압은 약 2V로 리튬이온전지보다 작지만, 황의 이론 용량(1,675mAh/g)은 리튬이온전지의 주류 양극 활물질인 리튬코발트산화물의 이론 용량(274mAh/g)의 6배 이상이다.

✚ 덴드라이트 방지를 비롯한 몇 가지 문제

리튬-황전지를 실용화하기 위해 풀어야 할 가장 큰 문제는 덴드라이트지만, 그 밖에도 방전할 때 만들어지는 중간 생성물이 전해액에 녹아나와서 전지를 열화시키는 문제도 있다. 방전할 때 양극에서는 황이 리튬이온에 의해 환원되는데, 반응 도중에 생기는 중간 생성물인 다황화리튬은 유기전해액에 쉽게 녹아버린다. 녹아든 다황화이온 중 일부가 확산하여 음극인 리튬금속에 도달하면 산화하여 리튬금속을 피복한다. 또 다황화이온 중 일부는 양극으로 돌아와서 환원이 아니라 산화반응을 일으키는데, 이것은 전극의 용량 감소와 충·방전효율 저하를 초래한다.

이러한 문제를 해결하기 위해 전해질에 관해서는 새로운 무기전해액 개발, 이온 액체 이용, 고체 전해질 도입 등을 연구하고 있다. 또한 분리막에 관해서도 덴드라이트를 막고 다황화이온을 통과시키지 않는 재료를 개발하고 있다.

아래는 리튬-황전지의 반응 사례다(그림 5-3).

《음극》 $Li \rightleftarrows Li^+ + e^-$

《양극》 $S_8 + 16Li^+ + 16e^- \rightleftarrows 8Li_2S$

《반응 전체》 $S_8 + 16Li \rightleftarrows 8Li_2S$

리튬-황전지에는 대용량이라는 점 외에도, 재료인 황이 매우 저렴해서 대형화하기 쉽다는 장점도 있다. 또한, 리튬이온전지의 전극으로 쓰이는 금속보다 가벼워 같은 중량으로 비교하면 5~10배의 리튬을 넣을 수 있다. 만약 실용화한다면 전기자동차와 드론의 전원, 혹은 가정용 축전 시스템에 쓰일 것으로 보인다.

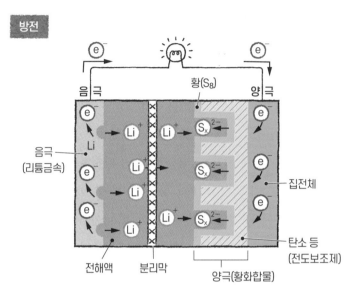

음극의 리튬금속이 녹아서 리튬이온이 된다. 리튬이온과 황이 결합하여
$S_8 \rightarrow Li_2S_8 \rightarrow L_2S_6 \rightarrow Li_2S_4 \rightarrow Li_2S_2 \rightarrow Li_2S$와 같이 반응이 진행된다.

충전

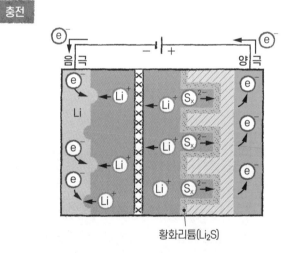

황화리튬(Li_2S)에서 리튬이온이 빠져나와 음극으로 돌아간다.

그림 5-3 **리튬-황전지의 충·방전 원리**

3

최고의 2차전지라는
리튬-공기 2차전지

금속-공기전지는 1차전지로서 긴 역사를 자랑한다. 제1차 세계 대전으로 건전지에 필요한 이산화망간이 부족해지자, 1907년에 프랑스에서 아연-공기 1차전지가 고안된 것이 시작이었다. 아연-공기 1차전지는 철도신호와 통신용 전원으로 사용하기 위해 대형 전지로 만들어졌다. 하지만 오늘날에는 단추형 전지가 주류이며, 보청기전원 등으로 쓰이고 있다.

금속-공기 1차전지의 음극으로는 아연 외에도 칼슘, 마그네슘, 알루미늄, 나트륨, 그리고 리튬 등 다양한 금속을 사용할 수 있다. 양극 활물질로는 공기 중의 산소를 사용하지만, 산소를 넣는 것만으로는 반응이 잘 일어나지 않으므로 산소 환원반응 촉매를 사용한다.

표 5-2 **금속-공기 2차전지의 음극 금속 후보**

음극 금속	원소기호	전기용량 (Ah/g)	전압 (V)	중량당 에너지밀도 (Wh/g)
리튬	Li	3.86	3.4	13.2
알루미늄	Al	2.98	2.1	6.1
마그네슘	Mg	2.20	2.8	6.1
칼슘	Ca	1.34	3.3	4.4
나트륨	Na	1.17	3.1	3.6
아연	Zn	0.82	1.2	1.0

※ 〈자연에너지 이용 확대를 위한 대형 축전지 개발Development of Large Scale Batteries for Renewable Energy Storage Systems〉,
이시이 요스케·가와사키 신지 지음, 일본AEM학회지 Vol.24 No.4를 참고하여 작성함.

✚ 최고의 2차전지라 불리는 리튬-공기 2차전지

전지로서 어느 정도 실적이 있는 금속-공기전지 1차전지를 충전할 수 있게 한 것이 금속-공기 2차전지다. 금속-공기 2차전지는 외부에서 산소를 연료로 받아 발전하므로 연료전지의 일종이라 할 수 있다. 1차전지와 마찬가지로 음극으로 다양한 금속을 사용할 수 있지만, 그중에서도 리튬금속을 사용하는 리튬-공기 2차전지는 다양한 2차전지 중에서도 최고의 에너지밀도를 자랑한다. 그래서 리튬-공기 2차전지는 최고의 2차전지라고 불리기도 한다(표 5-2).

리튬-공기 2차전지는 음극 활물질로 리튬금속을 사용하며, 양극(공기극이라고 한다)의 후보로는 탄소나노튜브나 카본블랙(탄소미립자) 등의 다공성 탄소 재료가 유망하다(그림 5-4). 적당한 촉매가 무엇인지 다양하게 모색중이며, 아예 촉매를 사용하지 않는 양극도 연구하고 있다. 또한, 리튬염을 녹인 전해액이 스며든 분리막을 양극과 음극 사이에 설치한다.

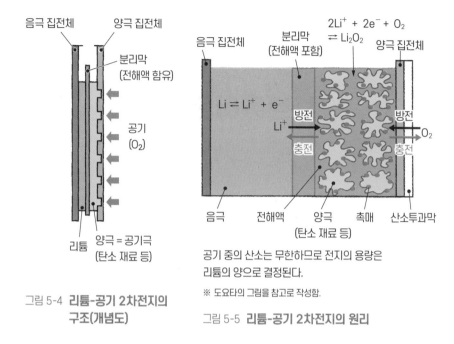

그림 5-4 **리튬-공기 2차전지의 구조(개념도)**

그림 5-5 **리튬-공기 2차전지의 원리**

방전할 때 음극에서 녹아나온 리튬이온이 양극(공기극)에서 산소와 반응하여 과산화리튬(Li_2O_2)이 되며, 충전할 때는 역반응이 일어난다(그림 5-5). 평균전압은 약 3V이고, 전지반응식은 다음과 같다.

《음극》 $Li \rightleftarrows Li^+ + e^-$

《양극》 $2Li^+ + 2e^- + O_2 \rightleftarrows Li_2O_2$

《반응 전체》 $2Li + O_2 \rightleftarrows Li_2O_2$

한편 음극으로 아연이나 알루미늄을 사용하는 아연-공기 2차전지와 알루미늄-공기 2차전지의 개발도 활발하다. 아연은 1차전지로 쓰인 실적이 있으며, 두 금속 모두 저렴하다는 장점이 있다.

나트륨이온전지

나트륨이온전지는 리튬이온전지와 똑같은 원리로 충·방전하지만, 비싼 희소금속인 리튬 대신 나트륨을 사용하는 2차전지다. 나트륨은 보통 금속 common metal에 속하며, 바다와 육지에 대량으로 존재한다. 현재 전고체전지와 함께 실용화에 가장 근접했으며, 리튬이온전지보다 중량당 에너지밀도는 떨어지지만, 사이클수명은 더 길다는 특징이 있다(표 5-3).

➕ 나트륨이온전지의 원리

리튬과 나트륨은 둘 다 알칼리금속에 속하며 성질이 비슷하다. 주기율표를 봐도 리튬의 바로 아래에 나트륨이 있다. 나트륨이온전지의 작동 원리도 리튬이온전지와 같은 층간삽입과 층간이탈에 의한 산화환원 반응이다(그림 5-6).

표 5-3 **주요 차세대 전지의 성능(예측 포함)**

2차전지	전압 (V)	중량당 에너지밀도 (Wh/kg)	사이클수명 (회)
리튬이온전지(참고용)	3.2~3.7	90~260	300~2000
전고체전지	—	300~900	800~2000
리튬-황전지	1.9~2.1	300~700	100~400
리튬-공기전지	3.0	500~1000	20~50
나트륨이온전지	3.0	100~180	800~3500
칼륨이온전지	4.0	200~	400~

단 나트륨이온의 부피는 리튬이온의 약 2배나 되므로, 리튬이온전지의 양극 활물질에서 리튬을 나트륨으로 치환하기만 한 재료는 사용할 수 없고 새로운 양극을 찾아야만 한다. 현시점에서는 $Na_2Mn_3O_7$와 $Na_2Mg_{0.28}RuO_3$ 등의 산소 산화환원 재료(산소 레독스 재료)가 주목받고 있다. 레독스란 산화환원을 뜻하는 말(⇒p158)이며, 산소 레독스란 고체에 들어 있는 산소가 직접 산화환원 반응에 관여하는 일을 말한다.

음극도 리튬이온전지에서 널리 쓰이는 흑연은 적합하지 않으며, 하드카본 Hard Carbon이 유력한 후보로 떠오르고 있다. 하드카본은 수지와 그 조성물을 탄화시켜서 만들 수 있으며, '난흑연화성 카본'이라는 별명처럼 높은 열을 가해도 쉽게 흑연이 되지 않는 탄소 재료다. 또한, 탄소 재료 외에 $Na_2Ti_3O_7$과 $Na_3Ti_2(PO_4)_3$ 등이 층간삽입용 재료로 보고되어 있다.

$Na_2Ti_3O_7$을 사용하는 나트륨이온전지의 반응식은 다음과 같다.

《반응 전체》 $Na_2Ti_3O_7 + 2Na^+ + 2e^- \rightleftarrows Na_4Ti_3O_7$

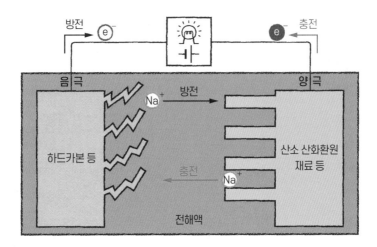

리튬이온전지와 마찬가지로 나트륨이온이 음극과 양극 사이를 오가며 이탈·흡착을 반복함으로써 충·방전 사이클이 돌아간다.

그림 5-6 **나트륨이온전지의 충·방전 원리**

✚ 칼륨이온전지도 있다

리튬이나 나트륨과 마찬가지로 알칼리금속인 칼륨을 음극으로 사용하는 칼륨이온전지도 층간삽입 반응을 작동 원리로 삼는 2차전지다. 최근까지 나트륨보다 무거운 칼륨은 전지에 적합하지 않다는 의견이 많았다. 하지만 프러시안블루라는 철을 포함하는 물감을 양극으로 사용하고 칼륨이온 농도를 높인 농축 전해액을 이용한 시제품은 리튬이온전지와 동등하거나 그 이상의 성능을 발휘했다. 칼륨 또한 저렴하고 자원량이 풍부한 금속이다.

5

다가이온전지

리튬이온전지를 비롯한 나트륨이온전지와 칼륨이온전지는 모두 1가 이온(Li^+, Na^+, K^+)이 전하를 운반하는 전지다. 다시 말해, 이온 한 개가 +1만큼의 전하를 옮기는 셈이다. 한편 마그네슘이온(Mg^{2+}), 알루미늄이온(Al^{3+}), 칼슘이온(Ca^{2+}) 등의 다가이온은 이온 한 개가 +2 이상의 전하를 옮길 수 있다. 즉, 다가이온전지는 리튬이온전지보다 용량이 2~3배 큰 2차전지가 될 가능성이 있다.

그 밖에도 안정성이 높고 부피당 에너지밀도가 높다는 공통의 장점이 있으며, 자원량이 풍부하고 리튬이온전지보다 제조비용이 싸다는 점도 커다란 이점이다.

그러나 작동전압이 떨어지고, 다가이기에 전해액과 전극 내에서 이온의 이동속도가 느린 데다, 순발력이 없다는 단점도 있다(그림 5-7). 또한, 음극이 금속이라면 덴드라이트〈⇨p196〉가 발생할 수 있다. 물론 1가 이온전지보다는

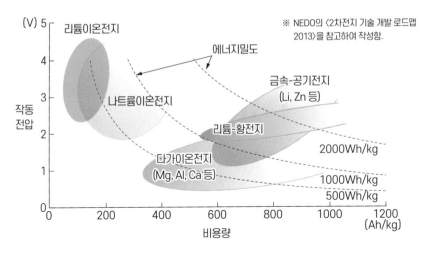

그림에 나온 차세대 전지 중에는 이미 일부 제조사에서 상품화한 것도 있지만, 아직 널리 보급되지는 않았다.

그림 5-7 **차세대 2차전지의 성능**

덜 발생하지만, 전지에 따라서는 위험성이 완전히 사라지지 않는다. 더 안전하고 성능이 뛰어난 전해액과 전극 재료를 찾는 연구가 계속되고 있다.

✛ 다가이온전지의 주요 재료

① 마그네슘이온전지

다가이온전지의 대표 격인 전지로 연구사례도 많다. 이론적으로는 최대로 중량당 에너지밀도가 약 2,000Wh/kg, 부피당 에너지밀도가 약 6,000Wh/L, 전압이 약 4V로 리튬이온전지를 한참 뛰어넘는 성능을 지닌다. 하지만 Mg^{2+}는 용매와의 친화성(용해도)이 높아서 탄소 음극에서는 층간삽입이 일어나지 않

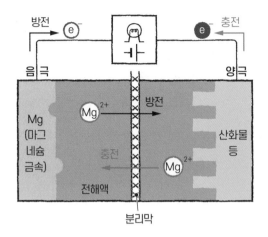

음극에서는 마그네슘금속의 용해·석출 반응이 일어나므로 '이온전지'라고 부르기에는 적합하지 않을 수도 있다. 칼슘이온전지도 마찬가지다.

그림 5-8 **마그네슘이온전지의 원리**

는다. 그래서 음극에서는 마그네슘금속의 용해·석출 반응, 양극에서는 Mg^{2+}의 층간삽입 반응의 조합에 관한 연구가 진행 중이다(그림 5-8).

② 알루미늄이온전지

급속 충전능력이 뛰어나며, 바늘로 찔러도 발화하지 않아서 안전성은 리튬이온전지를 능가한다고 할 수 있다. 알루미늄금속은 부피당 용량밀도가 아주 커서, 리튬의 약 4배나 된다. 하지만 전압이 약 2.1V로 낮아서 출력이 부족한 것이 단점이다. 리튬이온전지와 마찬가지로 양극과 음극 모두 층간삽입 반응에 의해 충·방전이 일어난다.

③ 칼슘이온전지

음극으로 칼슘금속, 양극으로 (칼륨이온전지에서도 쓰이는) 프러시안블루나 그와 유사한 물질을 사용한다. 용해·석출 반응과 층간삽입 반응의 조합으로 충·방전하는 방식이 유망하다. 리튬과 비견할 만한 높은 작동전압을 기대할 수 있는 데다, 칼슘은 리튬과 나트륨은 물론이고 마그네슘이나 알루미늄보다도 녹는점이 높아서 고온 환경에서의 안전성이 높다고 할 수 있다.

유기라디칼전지

유기라디칼전지는 고분자를 전극 물질로 사용하는 2차전지다. 2012년에 NEC(닛폰전기)가 개발에 성공했지만, 아직 양산하지는 못했다.

라디칼이란 홀전자를 지니는 원자나 분자를 가리키는 말이다. 일반적으로 원자의 전자궤도에는 전자가 두 개씩 쌍을 이루고 있지만, 때로는 한 개뿐인 상태의 전자도 존재하며 이를 홀전자라고 한다. 홀전자를 지니는 유기물을 유기라디칼이라고 한다.

라디칼은 반응성이 높으며, 보통은 화학반응 도중에 일시적으로 발생하는 불안정한 물질이다. 하지만 조건에 따라서는 오랫동안 안정하게 존재할 수도 있는데, 이것을 안정라디칼이라고 한다. 그리고 이 안정라디칼이 전기를 축적하면 홀전자가 사라지면서 이온성 분자, 다시 말해 일반적인 안정된 물질이 된다. 즉, 유기라디칼전지는 안정라디칼 물질과 안정된 이온성 물질이라는 두 가지 상태를 오가는 과정에서 산화환원 반응(충·방전)이 일어나는 2차전지다.

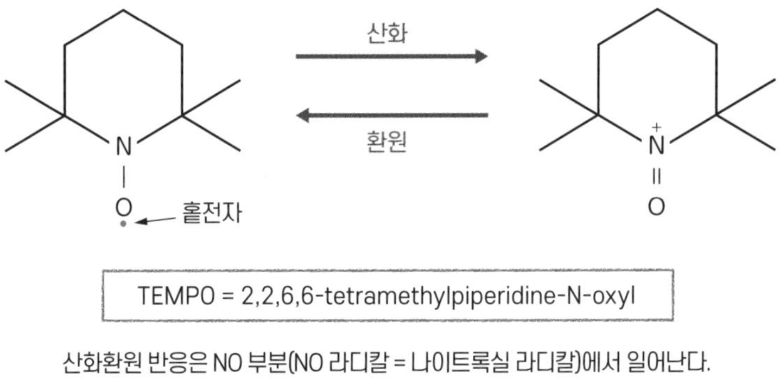

TEMPO = 2,2,6,6-tetramethylpiperidine-N-oxyl

산화환원 반응은 NO 부분(NO 라디칼 = 나이트록실 라디칼)에서 일어난다.

그림 5-9 **TEMPO의 산화환원 반응**

✚ 전극 물질과 전해액

유기라디칼전지는 음극으로 탄소 재료를, 양극으로 유기라디칼 고분자인 PTMA를 사용한다. PTMA는 '2,2,6,6-tetramethylpiperidine-N-oxyl-4-yl methacrylate'라는 이름이 아주 복잡한 물질이다. 이것은 TEMPO(2,2,6,6-tetramethylpiperidine-N-oxyl)라는 산화환원 반응에 안정적인 라디칼(그림 5-9)을 유기전해액에 잘 녹지 않도록 중합한 중합체(폴리머)다. 중합이란 같은 분자가 2개 이상 결합하여 커다란 화합물이 되는 화학반응을 말한다. PTMA는 전도성이 낮으므로 탄소 등의 전도보조제를 섞어서 사용한다.

전해액으로는 에틸렌카보네이트 등의 유기용매에 리튬염을 녹인 것을 사용한다. 이 리튬이온이 두 전극 사이에서 전하를 운반하므로(그림 5-10), 유기라디칼전지는 리튬전지의 일종이라 할 수 있다.

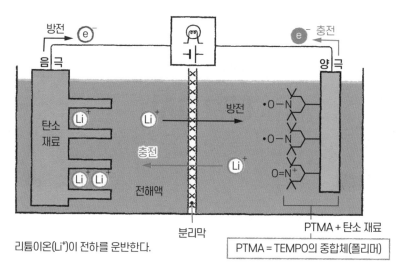

리튬이온(Li⁺)이 전하를 운반한다.

PTMA + 탄소 재료

PTMA = TEMPO의 중합체(폴리머)

그림 5-10 **유기라디칼전지의 충·방전 원리**

✚ 잘 휘어지고 늘어나는 가볍고 얇은 전지

현재 유기라디칼전지는 리튬이온전지보다 비용량이 떨어지지만, 반응속도
가 매우 빠르고 출력이 높으며 충·방전효율이 높고 사이클수명이 길어 장점
도 아주 많다.

또한 유기라디칼 고분자에 전해액을 흡수시켜서 젤 상태로 만든 것이 개발되
면서, 안전성이 높을 뿐만 아니라 가볍고 얇으며 유연한 전지를 만들 수 있게 되
었다. 그래서 IC 카드와 각종 웨어러블기기의 전원으로 기대를 받고 있다.

전환전지

영어 '컨버전conversion'은 '전환'이라는 뜻이다. 예를 들어 M을 2가 금속, N을 1가 금속이라고 하면 M과 N 사이에서 염소를 교환하는 화학반응은 MCl_2 + 2N → M + 2NCl이라 쓸 수 있다(그림 5-11). Cl이 결합하는 상대가 M에서 N으로 바뀐 것인데, 이를 전환반응이라고 한다. 그리고 이 반응을 전지에 응용한 것이 바로 전환전지다.

✛ 플루오르화철(Ⅲ)과 리튬의 전환반응

현재 개발 중인 전환전지의 주류는 음극으로 리튬금속, 양극으로 플루오르화철(Ⅲ)(FeF_3)을 사용한 것이다. 방전할 때 음극에서 녹아나온 리튬이온은 전해액을 따라 양극에 도달하면 플루오르화철(Ⅲ)의 결정 틈새로 들어가며, 이

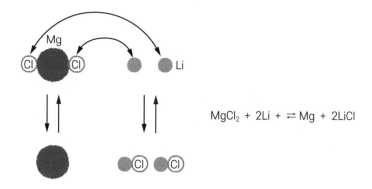

$$MgCl_2 + 2Li + \rightleftarrows Mg + 2LiCl$$

마그네슘과 리튬 사이에서 염소를 교환(전환)하는 반응이다.
리튬이온전지의 음극으로 사용한 연구사례도 있다.

그림 5-11 **전환반응의 예**

때 플루오르가 철에서 떨어져나와 리튬과 결합한다. 충전할 때는 역반응이
일어난다(그림 5-12). 즉, 음극에서는 리튬금속의 용해·석출반응이 일어나며
양극에서는 플루오르화철(Ⅲ)과 리튬 사이에서 플루오르를 교환하는 전환반
응이 일어난다. 따라서 이것은 리튬 2차전지의 일종이라 할 수 있다. 전지반
응식은 다음과 같다.

《음극》 $Li \rightleftarrows Li^+ + e^-$

《양극》 $FeF_3 + 3Li^+ + 3e^- \rightleftarrows Fe + 3LiF$

《반응 전체》 $FeF_3 + 3Li \rightleftarrows Fe + 3LiF$

반응식을 보면 알 수 있듯이, 철과 플루오르가 전해액으로 녹아나올 일은
없다.

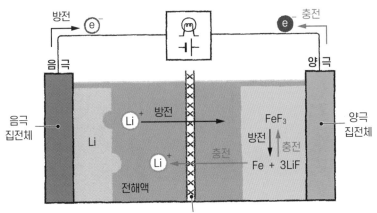

방전 e⁻ 충전 e⁻

음극 양극

음극
집전체

Li⁺ 방전

Li

FeF₃

방전 충전

Li⁺ 충전 Fe + 3LiF

전해액

양극
집전체

분리막

음극에서는 리튬금속의 용해·석출반응이, 양극에서는 플루오르화철(Ⅲ)과 리튬 사이에서 플루오르의 전환반응이 일어난다.

그림 5-12 **전환전지의 충·방전 원리**

✚ 전환전지의 장점과 큰 용량 활용법

양극 활물질로 주로 플루오르화철(Ⅲ)을 사용하는 전환전지는 결정 구조 전체가 리튬과 반응하므로 대량의 리튬이 흡착·이탈할 수 있다. 따라서 용량이 크고 에너지밀도가 아주 높을 것으로 예상할 수 있다. 또한, 산화물을 사용하더라도 화학반응으로 산소를 방출하지 않으므로 발화와 연소 위험이 적어 높은 안전성을 기대할 수 있다.

현재의 전환전지는 리튬을 사용하지만, 코발트와 니켈은 쓰지 않으므로 비교적 저렴하게 제조할 수 있다는 장점도 있다. 그래서 대용량이라는 특성을 살려 재생에너지의 저장용 전지나 전기자동차의 배터리로 활용할 수 있을 것으로 보인다.

현재 내구성과 에너지효율이 더 높은 전극 재료와 여기에 적합한 전해액 개발이 진행 중이다.

8

플루오르이온
셔틀전지

플루오르이온이 양극과 음극 사이를 왕복함으로써 충·방전이 진행되는 2차전지가 플루오르이온 셔틀전지다. 단순히 '플루오르화물 전지', '풀루오린 이온전지', '플루오르화물 셔틀전지' 등으로도 불리며, 여러 차세대 전지와 마찬가지로 통일된 명칭은 없다. 셔틀shuttle이란 배드민턴에서 사용하는 셔틀콕을 말한다. 셔틀콕이 네트를 넘어 양쪽 코트를 오가는 모습과 유사하다고 해서 이런 이름이 붙었다. 즉, 흔들의자전지(⇒p225)의 일종이라 할 수 있다.

✚ 음이온이 전하를 운반하는 새로운 전지

플루오르이온 셔틀전지(이하 플루오르이온전지로 표기)가 리튬이온전지를 비롯한 수많은 2차전지와 다른 점은, 바로 음이온이 전하를 운반한다는 점이다.

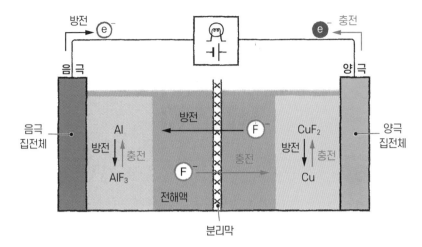

다가금속이온은 1가인 플루오르이온 여러 개와 결합하므로, 운반체가 1가 플루오르이온인데도 전극 내에서는 다가 산화환원 반응이 일어난다. 이것이 플루오르이온전지의 장점이다.

그림 5-13 **플루오르이온전지의 충·방전 원리**

대부분의 전지는 금속이온 등의 양이온이 전하를 운반하지만, 플루오르이온 전지에서는 음이온인 플루오르이온(F^-)이 운반체carrier다. 운반체란 전하를 운 반하는 입자를 말한다.

　플루오르이온전지는 양극과 음극으로 서로 다른 금속을 사용한다. 양극에 서는 금속플루오르화물의 탈플루오르화 반응이, 음극에서는 금속의 플루오 르화 반응이 진행되면서 방전이 일어난다. 충전할 때는 역반응이 일어난다. 양극에서 나온 플루오르이온이 음극으로 이동하면서 전기가 흐른다는 점이 리튬이온전지와의 차이점이다(그림 5-13).

　CuF_2/Cu를 양극으로, Al/AlF_3를 음극으로 사용했을 때의 전지반응은 다 음과 같다(이온이 방출되는 양극을 먼저 적었다).

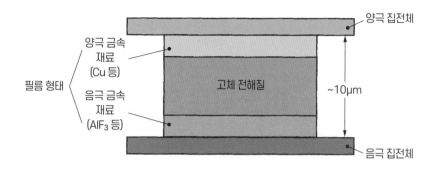

양극 집전체

양극 금속
재료
(Cu 등)

필름 형태

음극 금속
재료
(AlF₃ 등)

고체 전해질

~10μm

음극 집전체

고체 전해질은 140℃ 이상(예시)의 고온 상태에서 기능하므로,
이것을 저온에서도 쓸 수 있게 만드는 것이 과제 중 하나다.

그림 5-14 **고체 전해질을 사용한 얇은 막형 플루오르이온전지의 구조**

《양극》 $CuF_2 + 2e^- \rightleftarrows Cu + 2F^-$

《음극》 $Al + 3F^- \rightleftarrows AlF_3 + 3e^-$

《반응 전체》 $3CuF_2 + 2Al \rightleftarrows 3Cu + 2AlF_3$

플루오르화물 재료가 아주 다양하기 때문에, 양극과 음극 활물질의 후보
는 아주 많다. 그래서 최적의 금속조합을 찾는 연구가 진행 중이다. 차세대 전
지는 대체로 전고체전지로 만들려는 시도가 이루어지고 있는데, 플루오르이
온전지는 전해액보다 고체 전해질을 사용하는 연구가 먼저 이루어졌다(그림
5-14).

플루오르이온전지는 이론상 리튬이온전지의 3~5배의 에너지밀도를 달성
할 수 있으리라는 기대를 받고 있다. 하지만 실용화하려면 시간이 조금 더 필
요할 것으로 보인다.

이중이온전지

기존 2차전지에서는 한 종류의 이온이 전하를 운반함으로써 충·방전이 일어나는 것이 상식이었다. 하지만 이 상식은 이중이온전지에 의해 깨졌다. 이름 그대로 두 종류의 이온이 전지반응에 관여한다.

이중이온전지도 종류가 다양하며 원리와 구조가 서로 다르다. 여기서는 그 중에서도 실용화 가능성이 높다고 알려진 전지를 하나 소개하겠다. 바로 일본 도호쿠 대학과 도쿄 공업대학을 중심으로 구성된 팀이 개발한, 리튬이온(Li^+)과 마그네슘이온(Mg^{2+})을 사용하는 이중이온전지(Li-Mg 이중이온전지)다.

✚ 종류가 다른 두 이온의 '협주' 효과

다가이온전지(⇒p295)는 리튬이온전지를 추월하리라는 기대를 받는 차세

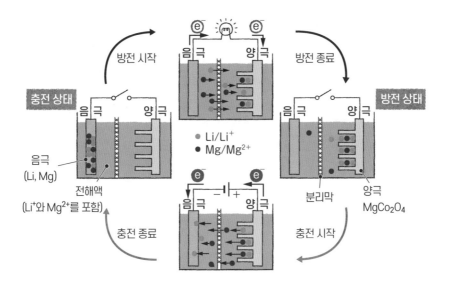

음극에서는 금속의 용해·석출 반응, 양극에서는 금속이온의 층간삽입·이탈 반응이 일어난다. 층간 삽입 반응에서는 Li⁺가 먼저 삽입되고 이어서 Mg²⁺가 삽입된다.

그림 5-15 **Li-Mg 이중이온전지의 충·방전 원리**

대 전지 중 하나다. 하지만 다가이온전지는 전해액과 전극 내에서 이온이 확

산하는 속도가 느려서 전지반응이 더디다는 단점이 있다. 이 문제를 해결한

것이 바로 Li-Mg 이중이온전지다. Li-Mg 이중이온전지는 리튬과 마그네슘

으로 이루어진 금속 음극, 층간삽입 반응이 가능한 마그네슘코발트산화물

($MgCo_2O_4$) 등으로 만든 양극, Li^+와 Mg^{2+}를 포함하는 전해액으로 이루어진 전

지다. 방전할 때는 음극에서 Li^+와 Mg^{2+}가 녹아나와서 양극에 층간삽입되며,

충전할 때는 역반응이 일어난다(그림 5-15).

여기서 핵심은 방전할 때 양극에서 일어나는 층간삽입 반응이다. Li^+가 먼

저 양극에 삽입되며, 이어서 Mg^{2+}가 삽입된다. 그러면 Mg^{2+}는 선행한 Li^+와

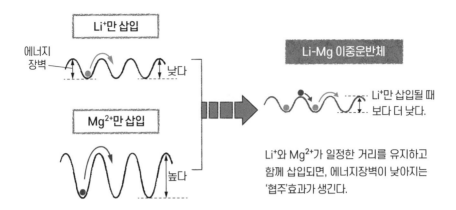

그림 5-16 **층간삽입 반응의 에너지장벽 개념도**

일정한 거리를 유지하며 양극 내에 확산한다. 그런데 이때 Mg^{2+}의 확산속도
는 Mg^{2+}가 단독으로 반응할 때보다 훨씬 빨라진다. 그 이유는 먼저 삽입된
Li^+가 Mg^{2+}의 확산을 저해하는 에너지장벽을 경감시키기 때문으로 추측된다
(그림 5-16).

이렇게 마치 서로 다른 악기가 '협주'하는 듯한 효과는, 같은 종류의 이온
사이에서도 발생한다. 하지만 Mg^{2+}끼리의 협주는 그다지 의미가 없으며, 확산
속도가 빠른 Li^+와 함께해야 효과가 크다.

다가이온전지는 원래 용량밀도와 부피당 에너지밀도가 큰 데다, 덴드라이
트가 잘 발생하지 않는다는 장점까지 있다. 여기에 더해 리튬금속이 지니는
뛰어난 이론 용량, 전압, 에너지밀도라는 장점을 모두 살릴 수 있다면 획기적
인 2차전지를 만들 수 있을 것이다.

바이폴라 2차전지

원래 바이폴라 전극은 오래전에 고안되었는데, 실용화에 이르지는 못했다. 그런데 최근 다른 유형의 제품이 잇달아 발표되었다.

바이bi-는 '두 개', 폴라polar는 '극極'이라는 의미다. 즉 바이폴라bipolar는 '두 개의 극'이라는 뜻이며, 바이폴라 전극이란 한 전극 기판의 앞뒷면이 양극과 음극인 전극을 말한다.

그래서 일반적인 전지에서는 전류가 전극을 따라 흐르지만, 바이폴라 전극에서는 전류가 전극면에 수직으로 흐른다(그림 5-17). 이러면 전류가 흐르는 방향의 단면적이 넓어서 저항이 작아져 큰 전류를 흘릴 수 있다.

여기서는 2020년 6월에 일본 후루카와전기공업古河電気工業과 후루카와전지古河電池에서 개발하여 양산하겠다고 발표한 바이폴라 납축전지에 관해 소개하겠다.

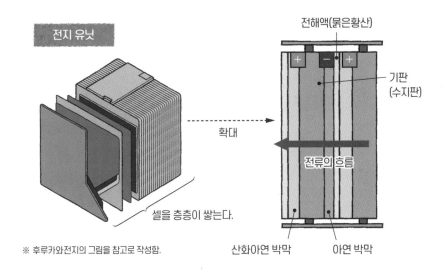

전해액(묽은황산)

기판
(수지판)

확대

전류의 흐름

셀을 층층이 쌓는다.

※ 후루카와전지의 그림을 참고로 작성함.

산화아연 박막

아연 박막

양극과 음극이 나란히 늘어서 있어서 전극 면의 수직 방향으로 전류가 흐르므로 전기저항이 작다.

그림 5-17 **바이폴라 납축전지의 구조**

✚ 에너지 절약과 전력저장에 최적인 시스템

바이폴라 납축전지는 전력을 저장하는 용도로 개발되었으며, 가지고 다니는 것이 아니라 한 장소에 놓아두는 전지다. 충·방전의 기본 원리는 납축전지⟨⇒p106⟩와 똑같지만, 구조는 단순하다. 우선 수지로 만든 판 양쪽에 각각 납과 산화납의 얇은 막을 붙여서 전극 기판을 만든다. 그리고 전해액인 묽은황산을 기판 사이에 넣고 봉함으로써, 납축전지에서 일어나기 쉬운 전해액 누출을 방지하여 안전성을 높였다.

바이폴라 납축전지는 부피가 작고 무게도 가벼우므로 기존 납축전지와 비교하면 부피당 에너지밀도는 약 1.5배, 중량당 에너지밀도는 약 2배나 된다.

표 5-4 전력저장용 축전지 비교

특징	납축전지	NAS전지	RF전지	전력저장용 리튬이온전지	바이폴라 납축전지
에너지밀도 (부피당·중량당)	△	○	X	◎	○
시스템의 접지 면적 (좁은 정도)	△	○	△	○	○
사이클수명	○	○	◎	○	○
안전성	○	△	○	△	○
재활용	◎	X	△	X	◎
시스템의 총비용	X	X	X	X	◎

※ ◎: 특히 우수함, ○: 우수함, △: 보통, X: 부족함
※ NAS전지: 나트륨-황전지, RF전지: 산화환원 흐름 전지
※ 시스템의 총비용은 양수 발전과 비교한 것이다.
※ 후루카와 전지의 자료를 일부 참고하여 작성함. 바이폴라 납축전지 이외는 현재 상태의 평가.

그렇지만 셀 단위로 비교하면 리튬이온전지보다는 떨어진다. 다만 리튬이온전지는 축전 시스템을 설치할 때 일정 거리를 띄어야 하고 공기조절설비도 갖춰야 하지만, 바이폴라 납축전지는 그럴 필요가 없으므로 설치 면적당 에너지는 리튬이온전지보다 크다. 최종적으로는 시스템비용을 리튬이온전지의 절반으로 줄이는 것이 목표이며, 이것은 댐의 양수발전 정도로 낮은 수준이다.

또한 바이폴라 납축전지는 사이클수명이 약 4,500회로 리튬이온전지의 500~1,000회($LiCoO_2$ 양극)보다 훨씬 길며, 대략 15년이나 되는 수명과 내구성을 지닌다. 또한, 다 쓴 전지를 재활용할 때 기존의 납축전지 재활용방법을 그대로 적용할 수 있다.

이처럼 경제성, 안전성, 내구성, 재활용성이 뛰어난 바이폴라 납축전지는 차세대 전력저장용 전지의 유력한 후보다(표 5-4).

리튬이온축전기

리튬이온축전기litium ion capacitor, LIC란 전기 이중층 축전기〈⇨p205〉의 원리에 리튬이온전지의 층간삽입 반응을 더한 혼합형 차세대 축전기다. 그래서 전지와 축전기 양쪽으로 이용할 수 있다.

이미 실용화하여 여러 제조사에서 판매하고 있지만, 여기서는 차세대 2차 전지의 일종으로 소개한다.

✚ 리튬이온축전기의 구조와 충·방전 원리

리튬이온축전기의 양극은 전기 이중층 축전기와 마찬가지로 활성탄을 사용하며, 음이온과 양전하에 의한 전기 이중층이 형성되었다가 사라지기를 반복한다. 한편으로 음극으로는 리튬이온전지와 마찬가지로 흑연 등의 탄소 재

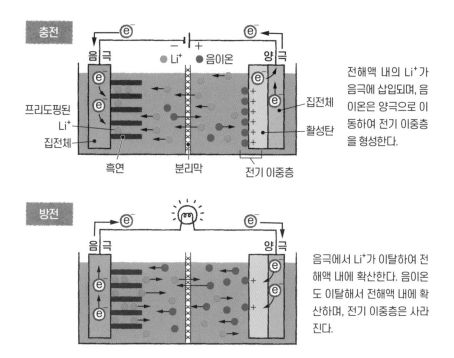

그림 5-18 **리튬이온축전기의 충·방전 원리**

료를 사용하고, 리튬이온(Li^+)의 층간삽입과 이탈에 의한 산화환원 반응이 일어난다. 이렇게 양극과 음극에서 서로 다른 반응이 반복됨으로써 충·방전이 진행된다.

　여기서 핵심은 미리 음극에 리튬이온(Li^+)이 삽입된다는 점이다. 이것을 프리도핑pre-doping이라고 하며, 덕분에 음극의 용량이 커져서 기존 전기 이중층 축전기보다 에너지밀도와 작동전압이 우수하다.

　충전할 때는 프리도핑된 음극에 전해액 내에 있는 리튬이온(Li^+)이 추가로 삽입된다. 이때 전해액 내의 음이온이 양극으로 이동하여 양전하와 전기 이중층을 형성한다.

표 5-5 **전기 이중층 축전기, 리튬이온전지, 리튬이온축전기의 성능 비교**

	전기 이중층 축전기	리튬이온전지	리튬이온축전기
에너지밀도	X	◎	△
고속 충전	◎	X	◎
사용온도 범위	-40~70 ℃	-20~60 ℃	-35~85 ℃
자체방전 (얼마나 적은가)	X	○	○
사이클수명	◎	△	◎
안전성	○	△	○

※ ◎: 특히 우수함, ○: 우수함, △: 보통, X: 부족함

방전할 때는 음극에서 리튬이온(Li^+)이 이탈하여 전해액 내에 확산하며, 양극에서도 음이온이 떨어져나와서 전기 이중층이 사라진다(그림 5-18).

✚ 리튬이온축전기의 장점과 용도

리튬이온축전기는 전기 이중층 축전기보다 고온 내구성이 뛰어나므로 사용 가능한 온도 범위가 더 넓다. 또한, 리튬이온전지와는 달리 열폭주의 위험이 없으므로 안전성이 높다. 게다가 자체방전이 적어서 전기를 오랫동안 저장할 수 있으며, 음극의 열화가 더디므로 사이클수명도 길다. 이렇게 리튬이온축전기는 전기 이중층 축전기와 리튬이온전지의 장점을 취하고 단점은 줄이는 일에 어느 정도 성공했다고 할 수 있다(표 5-5).

리튬이온축전기는 자전거와 산업기계의 전원·보조전원, 재생에너지의 전력 부하 평준화 대책, 긴급상황을 위한 백업전원 등에 쓰일 것으로 기대된다.

리튬이온전지의 후계자는
역시 리튬이온전지?

지금까지 소개한 차세대 2차전지 말고도 전 세계에서 아주 다양한 전지를 연구하고 있다. 이번에는 리튬이온전지의 전극과 전해액을 약간 개량하여 성능을 비약적으로 상승시키려는 연구를 살펴본다. 원리와 구조는 현재의 리튬이온전지와 거의 똑같기에 개발이 빠르게 진행될 가능성이 있어서, "리튬이온전지의 후계자는 역시 리튬이온전지다"라는 말이 현실이 될지도 모른다.

✚ 규소나 그래핀으로 만든 음극

지구상에서 두 번째로 자원량이 풍부하고 저렴한 재료인 규소(Si)를 사용한 음극이 주목받고 있다. 규소는 기존 리튬이온전지가 사용하는 흑연(그래파이트)보다 리튬이온(Li^+)을 훨씬 많이 수납할 수 있어서 이론 용량이 10배 이상

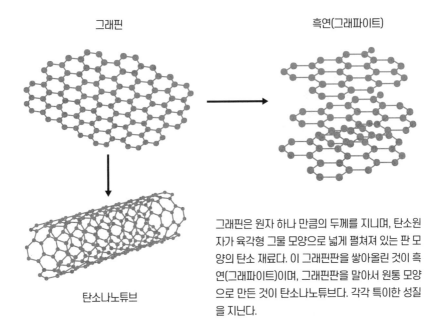

그래핀

흑연(그래파이트)

탄소나노튜브

그래핀은 원자 하나 만큼의 두께를 지니며, 탄소원자가 육각형 그물 모양으로 넓게 펼쳐져 있는 판 모양의 탄소 재료다. 이 그래핀판을 쌓아올린 것이 흑연(그래파이트)이며, 그래핀판을 말아서 원통 모양으로 만든 것이 탄소나노튜브다. 각각 특이한 성질을 지닌다.

그림 5-19 **그래핀, 흑연, 탄소나노튜브**

커질 가능성이 있다. 하지만 충전할 때 삽입되는 Li^+와 규소의 합금화 때문에 규소의 부피가 무려 4~8배로 팽창한다는 큰 단점이 있다. Li^+가 이탈하면 원래대로 돌아오지만, 팽창과 수축을 반복하다 보면 전극이 부서져 사이클수명이 줄어들고 만다. 이 팽창을 억제하기 위해 규소와 탄소를 복합하는 방법이 연구되고 있다.

한편으로 '놀라운 재료'라 불리는 그래핀을 음극으로 사용하는 연구도 있다. 그래핀은 탄소원자가 육각형 그물 모양으로 넓게 펼쳐진 판 모양의 재료인데, 이 그래핀이 층층이 쌓인 것이 바로 흑연(그래파이트)이다. 반대로 말하면 흑연을 이루는 층을 한 장씩 떼어내면 그것이 그래핀이다(그림 5-19). 그래핀 음극을 사용하니 에너지밀도가 기존의 5배 이상 증가했다는 보고도 있다.

그 밖에도 다른 탄소 재료인 탄소나노튜브를 사용한 음극이나, 그래핀과 탄소나노튜브와 규소의 복합화물 전극에 관한 연구도 진행 중이다.

✚ 농축 전해액으로 고속 충전

기존에는 전해액의 농도가 높으면 화학반응속도가 느려진다고 알려져 있었다. 그런데 현재의 리튬이온전지보다 리튬염을 3~4배 더 녹인 아주 진한 전해액에서는 반응속도가 대단히 빨라진다는 사실이 밝혀졌다. 농축 전해액에서는 Li^+와 함께 음극에 삽입되는 용매물질이 적어서 Li^+의 삽입효율이 오르기 때문이다. 또 양극에 높은 전압을 걸어도 용매가 잘 전기분해되지 않는다는 사실이 밝혀졌다.

표 5-6 **차세대 2차전지의 개발 단계(이 책에서 소개한 것)**

기초 연구 초기	기초 연구 (일부 실용화 연구)	실용화 직전 (일부 실용화함)
다가이온전지	유기라디칼전지	고농축 전해액 리튬이온전지
리튬-공기 2차전지	칼륨이온전지	나트륨이온전지
전고체전지(산화물형)	리튬-황전지	실리콘 음극 리튬이온전지
	플루오르이온 셔틀전지	전고체전지(황화물형)
	전환전지	아연-공기 2차전지
		이중이온전지
		바이폴라 납축전지
		리튬이온축전기

※ 표에서 같은 이름으로 나온 전지라도,
　제조사에 따라 재료와 구조가 다를 수 있다.

리튬을 많이 쓴다는 말은 곧 제조비용이 늘어난다는 뜻이지만, 기존 제조 라인을 조금만 고치면 생산할 수 있다는 장점을 내세워 연구개발이 활발하게 진행되고 있다.

표 5-6에 현재 개발 단계에 있는 차세대 2차전지를 정리했다.

우주에서 활약하는 리튬이온전지와 이온엔진

본문에서 소개한 것처럼 리튬이온전지는 현재 전성기를 맞이했으며, 지구뿐만 아니라 우주에서도 활약하고 있다. 2016년에는 H-2B 로켓 6호기로 발사된 우주 보급선 '고노토리'에 의해 일본제 리튬이온전지가 국제우주정거장(ISS)에 6대 운반되었다. 예전에는 니켈-수소전지를 사용했지만, 리튬이온전지로 대체되어 이미 세 번이나 운송을 완료했다.

또한, 미국이 주도하여 2026년까지 완성할 예정인 '루나 게이트웨이Lunar Orbital Platform-Gateway'에도 일본이 리튬이온전지를 납품할 예정이다. 루나 게이트웨이는 달 궤도에 설치되는 국제우주정거장으로, 달표면 탐사와 우주탐사의 거점이 될 예정이다.

하지만 우주에서 활약하는 '이온'은 리튬이온전지만이 아니다.

하야부사와 하야부사2에 실린 이온엔진

소행성 '이토카와'의 미립자를 채취하고 2010년에 지구로 귀환한 일본의 소행성 탐사선 '하야부사'에 실린 주엔진은 일본에서 세계 최초로 실용화하는 데 성공한 이온엔진이다. 이온엔진은 '하야부사2'에도 실렸다.

하야부사와 하야부사2의 이온엔진은 제논기체를 마이크로파(전자기파)로 가열하여 양이온으로 만든 다음, 강한 전압을 걸어 가속하여 선체 후방으로 고속 분사함으로써 추진력을 얻는다. 즉, 작용·반작용의 법칙을 이용하여 앞으로 나아간다.

제논(Xe)은 원자번호가 54고 원자량이 131.3으로, 리튬(원자번호 3, 원자량 6.9)보다 훨씬 무거운 원소이므로 추진력을 얻는 면에서는 유리하다. 하지만 아무리 무거워도 결국은 이온일 뿐이므로, 연소를 이용하는 화학 추진 엔진보다 추진력이 약할 수밖에 없다.

하지만 이온엔진은 연비가 좋고 내구성도 뛰어나다. 그리고 가속도가 미미하더라도 오래 운행하면 결국은 아주 빠른 속도를 낼 수 있는데, 예를 들어 하야부사2는 초속 30km 이상의 속도로 날 수 있다. 그야말로 '티끌 모아 태산'이라는 속담대로다.

참고문헌

《전고체전지 입문全固体電池入門》, 다카다 가즈노리高田和典 편저/간노 료지菅野 了次

스즈키 료타鈴木 耕太 지음, 닛칸코교신분샤日刊工業新聞社, 2019년

《배터리 매니지먼트공학 : 전지의 원리부터 상태 추정까지バッテリマネジメント工学：電池

の仕組みから状態推定まで》, 아다치 슈이치足立修一 · 히로타 유키쓰구廣田 幸嗣 편저 /

오시아게 가쓰노리押上 勝憲 · 바바 아쓰시馬場 厚志 · 마루타 이치로丸田 一郎 · 미

하라 데루요시三原 輝儀 지음, 도쿄 덴키대학 출판국東京電機大学出版局, 2015년

《전지의 모든 것을 가장 잘 알 수 있는 책電池のすべてが一番わかる》, 후쿠다 교헤이

福田 京平 지음, 기주쓰효론샤技術評論社, 2013년

《리튬이온전지 회로 설계 입문リチウムイオン電池回路設計入門》, 우스다 쇼지臼田昭司

지음, 닛칸코교신분샤日刊工業新聞社, 2012년

《대규모 전력저장용 축전지大規模電力貯蔵用蓄電池》, 전기화학회 에너지 회의 전력

저장 기술 연구회電気化学会エネルギ—会議 電力貯蔵技術研究会 엮음, 닛칸코교신분샤

日刊工業新聞社, 2011년

《전지를 알 수 있는 전기화학 입문電池がわかる電気化学入門》, 와타나베 다다시渡辺 正

가타야마 야스시片山 靖 지음, 오무샤オーム社, 2011년

《정말 쉬운 2차전지 책トコトンやさしい2次電池の本》, 호소다 마미치細田 條 지음, 닛칸

코교신분샤日刊工業新聞社, 2010년

처음 읽는 2차전지 이야기

탄생부터 전망, 원리부터 활용까지
전지에 관한 거의 모든 것!

1판 1쇄 발행일 | 2021년 10월 7일
1판 9쇄 발행일 | 2024년 9월 10일

지은이 | 시라이시 다쿠
옮긴이 | 이인호
감　수 | 한치환

펴낸이 | 박남주
펴낸곳 | 플루토

출판등록 | 2014년 9월 11일 제2014-61호
주소 | 07803 서울특별시 강서구 공항대로 237 에이스타워 1204호
전화 | 070-4234-5134
팩스 | 0303-3441-5134
전자우편 | theplutobooker@gmail.com

ISBN 979-11-88569-27-4 03560